天文学シリーズ3

太陽系探究

奥山　京

東京図書出版

まえがき

最初に夜空を見上げたのは、中学２年生の冬だった。星座ハンドブックのような本で調べて、南天中央に堂々と広がるオリオン座を見た。その東側少し下にシリウスがあり、その上にプロシオンがあった。前者が大犬座α星で、後者が子犬座α星であることは後日知った。もう少し天頂付近に牡牛座α星アルデバランがあり、その付近にシリウスより明るい星があることに気づいた。星座ハンドブックにはない星だった。後日、それが木星であることを知った。そして、その木星は月日が経つに従って、東の方向に移動していった。その後10年以上経過して、同じようにアルデバランの近くに木星を見たとき、初めて夜空を見上げた頃が懐かしく思い出された。

1969年７月21日午前４時半頃、テープレコーダーをスタンバイし、ラジオを聞いて内容を録音した。アームストロングが月に第一歩を踏み出したのを知った。当時、私は大学受験浪人生で予備校に通う身だった。この時期夏期講習に入り、いつものようには通学しなくてよかったことも、この放送を聞けるチャンスを与えてくれたようだった。ここでアームストロングが言った言葉は来るべき大学受験の英語に出題されると予測して、しっかり記憶した覚えがある。なお、この1969年はもう１つ大事件があった年である。東京大学始まって以来初めて、入学試験が行われなかった。それで受験戦線は大混乱になり、そのため人生が変わってしまった人もいたようだ。

また、この1969年はアメリカが、ソ連との宇宙探査競争に勝利を収めた年でもあった。平田真夫氏は、この1969年を「宇宙暦元年」としている。私もこの数え方は好きなので、親しい友人に手紙等を書くとき、好んでこの宇宙暦を使っている。

1977年、ボイジャー探査機が打ち上げられたことは知っていたが、当時は本職の数学に専念する時期で、それほど関心を示していなかった。1979年の木星接近、1989年の海王星接近をかすかに覚えているくらいである。

1993年、サンフランシスコ旅行をしたとき、*Astronomy* という雑誌の存在を知った。その後、定期購読している。その頃の記事にカイパーベルト天体1992QB$_1$の発見記事があった。発見者のデイヴィッド・ジューイットとジェイン・ルーが、太陽系内天体の研究は、「手に取るように望遠鏡で見えるから好きだ」と言った言葉を思い出す。そして、私も太陽系に魅力を感じ、さらに深く追究したいという気持ちになった。

1994年7月、シューメーカー・レヴィー第9彗星が、21個に分裂して木星に衝突していった。実際の衝突地点は地球から見て木星の裏側だったが、自転周期11時間なので、その傷跡がはっきり見えて、望遠鏡が飛ぶように売れたというニュースが聞かれた。

この頃、高専教師だったので、数学研究の傍ら天文学にも触手を伸ばすようになった。先の *Astronomy* の記事で興味深いものを日本語に翻訳して、興味のある学生に渡していた。また、天文同好会顧問として活動もしていた。幸い、非常勤講師としてこの高専を手伝ってくださった先生が、この高専の近くにお住まいで、ドームを自宅に設置されていた。高専は寮生活者がいるので、彼らを連れて、夜、この方のご自宅を訪ね、多くの天体を先生の高性能望遠鏡で見せてもらったことを思い出す。その先生はいつも「人間はすごいことができる。そのうち光速を超えるかもしれない」と学生に話されていた。残念ながら、数年前他界されたという悲しい知らせを耳にしている。

私は自分の望遠鏡を持ったことがない。子供の時、従兄弟が親に買ってもらって羨ましかった。仕方なくその望遠鏡で見せてもらうことにした。しかし、待てど暮らせどその望遠鏡は機能しなかった。赤道儀付きの高価なものだったので、子供の手には負えなかった。親も全く知識のない人で、結局、その望遠鏡は一度も光を通さず、物置で埃を被る運命になった。この事実は後日知って、機械弄りの嫌いな自分にも同じことが当てはまる。だから、自分の望遠鏡を持つことは止めようと決心した。他にも理由はあるが、機械弄りが嫌いという性格から、天文学を志すことを止め、数学を選ぶことにした。

しかし、天文学は好きなので、*Astronomy* で勉強しようと考え、折に触れて興味深い記事は日本語にして、同じく興味のある学生にコピーを配るようになった。退職後は自由時間が増えたので、本格的に *Astronomy* の記事を日本語にして、深く理解する方針に変えた。また、海外旅行時、ブックストアーには必ず行って、最近の出版物を探すようになっていった。

最初は、太陽系関係記事ばかり読んでいたが、これだけが天文学ではないので、その後は努めて幅広く見るようにした。

本書は、「太陽系探究」として、人類が探査機を飛ばして、実地調査を行っていろいろ調べた天体を中心にしている。それで、第９惑星については触れないことにした。

何度も述べているように、現在は昼間自宅に居ても夜空について学べる時代になった。羨ましい限りである。それらを十分に活用して天文学に興味を持ってほしい。しかし、そこで１つ問題が起こる。大部分の動画は英語を使っている。そして英語を使った動画の方が数が多い。いつまでも日本語にこだわっていてはいけない。思い切ってトライしてほしい。

初心者に、YouTubeでは次の動画がお勧めだ。

⑴　Learn the sky
⑵　The Night Sky with Zachary Singer
⑶　TONIGHT'S SKY

これらは星座を説明しているだけなので、10分くらいの長さである。何度も見ると英語にも慣れ、理解できるようになるだろう。もう少し天文学の深いことを知りたいならば、次の動画がお勧めである。

⑴　Astrum
⑵　Kosmo
⑶　V101 SPACE

これらは天文学について、いろいろな話題を提供してくれる。上記の動画には、クローズドキャプション（CC）と言って、今話している英語が下に字幕で出る機能が付いている。これを使うとよりよく理解できると思われる。私はいつもCCをつけて見るようにしている。

また天文学用語はラテン語を使っている。Summer solstice (夏至) とかSolar eclipse（日食）などである。これらはラテン語がそのまま英語になっていて、日本語は別表示であるので問題ないだろう。しかしカタカナ表示される天文学用語は困る。本文で出る「セリーズ」を「ケレス」という言葉にこだわっていては、上記の動画の英語は理解できないだろう。その意図で、本書では、英語を母国語とする人々が発音した英語を聞こえたようにカタカナ表示するようにしている。違和感を覚える読者もおられると思うが、英語に慣れて英語で理解していくという方針でいることをご理解いただきたい。

また、アメリカには、Zooniverseという素人が天文学に参加できるプログラムがある。2021年には、このプログラムを使って、素人が天文学の論文に名前を連ねたというニュースも聞いている。しかし、これも全て英語であるので、英語でトライすることは大切であると考える。

黒点観測を毎日行って、専門家にデータを送っている人がいる。オーストラリア人の医者だった人が、天体写真集を出して私も購入した。上記のように、自宅にドームを設置して、自分自身も楽しみ、近所の方々にもサービスしておられる方がいる。私は、素人ながら少し天文学を齧っている。宇宙に興味深い人は多い。自分に合った方法で、夜空に、そして天文学に親しんでもらいたい。

宇宙暦55年（2023年）年末

目次

第1章　太陽系星雲の誕生

原始太陽系星雲形成

銀河、惑星系、あるいは惑星形成には融合が必要である。融合は、宇宙における最も基本的なプロセスの1つである。少しの物質が蓄積し、融合してもっと大きな物質になるプロセスである。それは全ての規模で働き、小さいものを引き付け、もっと大きなものにする。具体的には、一番小さい微粒子から巨大質量ブラックホールになる。融合も謎を秘めた話題であるので、未解決問題が山積みされているようだ。

そして、バーナード星雲のような暗黒星雲ができる。大きさは、100光年以上から0.2光年幅とさまざまである。これらは、大部分が水素とヘリウムで、他の元素を少し含んでいるだけである。また、背後にある恒星の光を減光したり、遮ったりする。実際に、肉眼でこれら暗黒星雲を確かめるのは難しい。南十字座の近くにあるコールサック星雲（石炭袋）は別にして。これら暗黒星雲がやがて分裂して、数十光年幅の分子雲になる。しかし、このような分子雲は不活発で、その中で恒星形成は起こっていない。

その分子雲が収縮し、圧搾される。するとある部分の密度が高くなり、引力が増してくる。その引力が、周りのガス雲による圧力を超えて、その部分に落ち込むように崩壊する。この崩壊が始まると、分子雲は小さい塊に細分する。それが至る所で起こり、そのプロセスが100万年以上続くようだ。この時点で、最初の分子雲は数千個の塊に分裂する。

太陽系になる予定の分子雲を、何かが揺さぶったと天文学者は考えている。超新星爆発からの衝撃波は、その物質が十分に密度が高ければ、衝撃波前面で恒星形成の引き金を引くことができると考えている天文学者もいる。そして、その可能性を発見した。

隕石は、鉄、ニッケル、そしてその他の少量の物質でできた小さい塊である。大部分の隕石の構成物質は、太陽系が形成されて以来変化していない。さらに、それらは地球上の実験室に持ち込める外宇宙の一部であるので、よく研究されてきた。その調査から科学者は、その隕石が形成されるちょうど数万年前に、超新星爆発が起こった時だけ可能な元素を発見した。

従って、その超新星爆発の衝撃波が、太陽系になるその分子雲を通過した後、そこの塵とガスは重力によってそれ自体の上に崩壊し始めた。その後、さらに多くの物質がその上に落ち込み、原始恒星として知られている密度の高い核が至る所で形成された。また流入する物質は、核の周りに渦巻く膠着円盤を形成する。その１つの核が太陽になり、太陽になる核の周りの膠着円盤が原始太陽系星雲になった。

しかし、この時期太陽はまだ輝いていなかった。他の原始恒星もまだ水素核融合をしていなかった。全ての崩壊しているガスから多くの熱が出ていたようで、その組織は赤外線放射していた。初期段階で膠着するガスができるまでには、さらに長い時間を必要としたようだが、太陽は多分原始恒星の状態で50万年くらいいたと考えられている。

この状態は、有名なオリオン座にあるオリオン星雲（M42）で見られる。冬の代表的星座であるオリオン座の中にあるからその名前が付いた。これは剣が下がっているオリオンのベルトの下を見るとよい。肉眼で見るとぼんやりと中央の星が見える。双眼鏡を使うとさらにぼんやりしているのが見え、望遠鏡を通すと素晴らしい星雲を見ることができる。

この部分で、現在盛んに恒星形成が行われている。オリオン星雲と呼ばれている部分は、直径24光年と計測されているが、実は、この部分はもっと大きな星雲に含まれている。オリオン星雲はその氷山の一角で、これはオリオン分子雲と呼ばれている巨大な塵とガスの広がりの一部である。オリオン座付近を撮った写真を見ると、それらの広がりをよく見ることができる。

その後の状況

原始恒星として、太陽ができた時期を研究するために、上記のオリオン星雲を天文学者は詳しく調査した。それは約1,300光年以上の距離にある。現在恒星形成の温床で、郊外の夜空だと肉眼でも見ることができる。中型アマチュア望遠鏡を使うと、トラペジウムと呼ばれている4個の光輝な恒星によって照らし出された輝くガスが見える。M42は、巨大な恒星形成新生児室であり、天文学者は、約700個の形成中の恒星を観測してきた。そこには、形成のいろいろな段階に入っているものがあって、一番内部の約20光年内に、約2,000個の恒星を数えてきた。新しく誕生した恒星からの強烈な恒星風によってつくられる衝撃波とガスの最前部が、そのシステム内に漣をつくっている。

オリオン星雲のような恒星形成新生児室内の様々な活動にもかかわらず、この段階は長く続かないと天文学者はみている。星雲内の若い大質量星は、エネルギーと運動量をその星雲内に注入し、物質を吹き飛ばしているようだ。コンピュータシミュレーションによると、10万年以内にオリオン星雲からのガスは完全に飛散するという。

そうなったとき、若い恒星団が背後に残る。その例がプレアデス星団で、これは肉眼観測者には馴染み深いものである。牡牛座に位置していて、過去10万年以内に形成された若い高温の青色恒星が大部分である。

このプロセスから、恒星はポツンと離れた状態では誕生しないことが明らかになった。そして実際、数百から数千の仲間とともにその生涯が始まる。しかし、一緒に生まれた残りのメンバーと仲良く同じ場所で年をとることはできないようだ。

太陽とその兄弟たちが形成された瞬間から、それらは離れ離れになり始めた。それらは、ミルキーウェイ銀河の他の星の重力的影響を受けて、異なった方向に引っ張られ、2、3億年以内に、太陽に接近していた星団は、緩やかに結合した集団に変わっていき、年が経過するに従って、さらに大きく広がっていった。結果的に、同じ星団の一部であった星がわからなくなっていく。

　このプロセスの完全な例が、夜空に存在する。それらは、大部分の不定期な夜空観測者にも馴染み深い「北斗七星」だ。この北斗七星はアステリズムである。その星のパターンは星座ではない。それは大熊座に属している。大部分の星座とアステリズムに対して、それらの星までの距離はバラバラである。だから、お互いに全く関係がない。しかし、北斗七星内に、天文学者は宇宙空間を同じ方向に動く８個の星の中の６個を発見した。北斗七星は、ハンドルの中の１つの星が容易に二重星に見える。その６個を大熊座ムービンググループと天文学者は呼んでいる。このグループの星は数億年前に形成され、78光年から84光年の距離にあって、現在直径30光年の広がりを見せている。

　長い時間的規模では、恒星はまた近隣の星ばかりでなく、銀河自体の回転によって引き離されている。ミルキーウェイ銀河は、渦巻きの腕とバーのような中心を含んだディスクのような形状をしていて、ミルキーウェイ銀河内のすべての星は、中心点を公転している。太陽は、完全に１周するために約２億2,000万年必要だが、ほとんど円形の軌道を保っている。太陽は約50億歳であるので、我々はミルキーウェイ銀河を約20回公転したことになる。だから、星が離れ離れになって、完全に分離するために十分な時間と言える。

　上記のことから、物理的な近隣恒星は必ずしも兄弟ではなく、兄弟はミルキーウェイ銀河の反対側でまとまって、少し広がっている可能性があると太陽兄弟候補を探査している天文学者は説明している。

太陽の形成

次に、太陽の誕生について説明する。一般的に原始恒星は、それが将来なる恒星より光度が高い。何故なら、原始恒星は将来なる恒星より、数百倍近く大きいので、エネルギーを放射する表面のエリアが大きいからである。一般的に原始恒星は、塵に覆われているけれども、赤ん坊恒星の光輝な光度なので天文学者は十分に見える。その原始恒星は、引き続き重力によってより多くの物質を引きつけ、収縮して内部がヒートアップする。青年期に入った恒星の外部の表面は、縮むので光度を落とす。そのガス雲と中心にある原始恒星は、回転を速くし、平たくなって星周円盤となる。ある場合、その原始恒星は、強い恒星風を吹かせ、円盤と垂直な方向へジェットの形で物質を噴出する。磁場がまた、このようなジェットに関係しているようだが、研究者は正確にどのように関係するのかを理解していないようだ。放射線ビームは、2,000年から3,000年という比較的短い時間規模で、いくらかの質量を恒星や円盤から運び出す。その原始恒星はまた、吹き飛ばさなかった物質の多くを付着し、惑星をつくる可能性の高い円盤を背後に残す。

その原始恒星の内部は、約100万ケルビンと十分高温であるので、重水素をヘリウムに変換する核融合を始める。水素は原子核に1つの陽子を含むだけである。一方、重水素は原子核に1つの陽子と1つの中性子を持つ。従って、重水素は水素より質量が大きい。それで重水素と言う。デートリウムという表現を使うときもある。重水素は一番容易に原子核が核融合する。しかし、水素原子核は、核融合するにはもっと高い温度である必要がある。

その原始恒星は、引き続き収縮し続けるので、中心でその密度が増加する。核が1,000万ケルビンに達すると、水素原子核がヘリウムに変わる核融合ができる。そのとき平衡状態に達する。恒星は、核融合からの放射エネルギーが、恒星を膨張させるが、恒星の質量からくる重力的引きつけが恒星を収縮させる。この力関係が完全にバランスを保つことを平衡状態に達するという。このような状態になったとき、その原始恒星は一人前の恒星になる。このようにして太陽が誕生したと考えられている。

第2章　太陽系形成

原始惑星誕生

原始太陽系星雲ディスク内に、原始恒星としての太陽が形成され、それを公転する惑星も形成される。恒星形成と惑星形成の両方が融合によってそのディスク内にできる。ガスと塵がその恒星の周りに渦巻くとき、惑星系の略図がそのディスク内に現れ始める。天文学者は、これを2014年にHIタウリと呼ばれる若い星の中に見ている。Atacama Large Millimeter/submillimeter Array（ALMA）を使った観測から、どのように惑星が形成されるかの我々の理解に大きな進展があったようだ。

なお、ALMAの日本語訳は、アタカマ大型ミリ波サブミリ波干渉計となっているが、66個の電波望遠鏡を使った施設であり、海外での記載も、可視光以外の波長で観測する機器も望遠鏡という記載である。従って、「アタカマ大型ミリメーターサブミリメーター望遠鏡群」とした方が良いように思われるので、本書では、ALMA（アタカマ大型ミリメーターサブミリメーター望遠鏡群）と記載する。

形成しようとしている惑星系内で、物質の集まりは、多くの異なった要因に依存している。動揺、磁場、そしてガスと塵の間の粘着性の作用が、一種の交通渋滞のようなものの原因になって、最終的に原始惑星を形成した。恒星により近いところでは、ガスの大部分は恒星によって使い尽くされ、岩石物質と重い金属が残って、岩石でできた惑星を形成している。

しかし、ここに長い間問題になっていたことがある。それは岩石でできた天体が、どのように形成されるかである。「跳ね返り境界」と呼ばれる概念が、そこには入っている。静電力は小さい粒子を引っ付かせる。大きな微惑星は、重力によってお互いを引き付ける。しかし、どのようにして粒子が惑星になるのか。モデルは、小さいものと大質量のものの間の中間枠の物質は、お互いに跳ね返る傾向にあることを示している。だから物質を集めることが、どのようにその境界を突破して成長するのか。これが問題であった。

１つの理論は、ディスク内では、それら粒子がガスを通って動くので引力を受けるという。ディスク内では、固い粒子とそのガスの間に強い相互作用があり、これが塊を形成する。そして、時間経過とともに、どんどん大きくなると考えられている。

今までのところ、この原始惑星進化メカニズムは、「流れる不安定性」と呼ばれ、センチメートルサイズからキロメートルサイズに物質が成長する有望な方法と見られている。この理論の最も注目する部分は、ガスが重要な要素であることだ。ガス無しに、ディスク内の塵は合着して、微惑星を形成できない。しかし、まだ直接の証拠はないようだ。

希望は、ここ10年あるいは20年のうちに、形成過程の異なった段階にある多くの惑星を発見することである。これは一種の低速度撮影の役割を果たす。そして、流れる不安定性のような優勢な仮定の予想が、実際の太陽系外惑星に、どのくらいよく当てはまるかを判断することができる。この野心的な投機は、2021年現在で、かつて発見された中で一番若い惑星2M0437bで弾みをつけた。ハワイのマウナケアのすばる望遠鏡で撮られた発見時の画像は、その形成中に出されたエネルギーによって、その惑星は依然として高温で輝いていることを示している。これは天文学的言い方であるが、近年融合を終わらせたことを意味する。この研究では、どのくらい速く惑星系が形成されるかの、研究者の考えた構図を満たしているようだ。

一方、巨大惑星の形成は、核合体で形成される。巨大惑星の核は、母星から遠く離れたところの氷と岩石から形成され、十分な質量である地球質量の5倍から10倍の質量を獲得したとき、その大きな重力によって周りのガスを払いのけ、小型海王星から巨大木星までの範囲の惑星をつくりあげる。また、スノーラインを越えたところで、さらに質量の大きい核が形成されたとき、そこには大量のガスがあるので、それらのガスを取り込んで巨大ガス惑星に進化する。スノーラインとは水が固体、つまり氷の状態でしか存在できない母星に一番近いところをいう。しかし、この後述べる惑星移動の最中に、ガス惑星は進化して大きくなるという考え方もある。

なお現在、木星、土星、天王星、そして海王星の内部に核があるかどうかはわかっていない。従って、ガス惑星の中心にあると予想されている「核の存在」も未解決問題として残っている。

惑星移動

1990年代以前でも、幾人かの天文学者は、原始惑星系星雲の中を公転する惑星は、物質を惑星が公転した跡の部分で束にして、その束になった物質の質量の集中が、惑星を引っ張ることに気づいていた。惑星に対して、惑星の公転軌道より外側にある原始惑星系星雲の粒子は、惑星より遅い速度で公転するので、それらは惑星が公転した跡の部分で一団になる。その粒子の一団は、惑星を公転方向に対して後ろ向きに引き、惑星の公転速度を落とさせるので、惑星は内側に移動する。飛行機の速度を落とすと高度が下がるのと同じ原理である。一方、惑星公転軌道の内側にある粒子は、全く逆のことをして惑星の公転速度を上げさせるので惑星は外側に移動する。外部の物質は優位性を持っていて、惑星を内部へ移動させる。だから、内部移動が最も有力であると考えられているようだ。

母星に近い方向へ螺旋状に落ち込む微惑星、あるいは惑星は、物質を引き寄せることによってさらに質量を大きくすることができる。公転軌道が変わるとそこには捕食する物質がより多くなるので、大きく成長する速度も速くなる。ここで考えている惑星移動は、まだ原始惑星系星雲が存在している時で、その惑星移動は、その星雲内で起こっているものを考えている。そして、このように星雲内のガスが作用する移動は、比較的穏やかであると考えられている。穏やかというのは、惑星軌道の傾斜を保存する。つまり母星の赤道平面と大きな傾斜をつくらないという意味である。

原始惑星系星雲内のガスが消えた後でも、惑星移動は終わっていない。惑星形成のプロセスにおいて、惑星に結合できなかった数兆個の微惑星を背後に残す。惑星が公転軌道上を公転するとき、これらの微惑星にも影響を与えるが、それらの微惑星も惑星に影響を与える。つまり、微惑星が惑星の公転速度を上げたり下げたりする。公転速度が上がれば惑星は外部へ移動し、下がれば内部へ移動する。１つの微惑星だけ考えたときは、惑星への影響は微々たるものだが、数多くの微惑星が影響を与えたときは、その影響も大きくなる。

カオスの時代

現在、太陽の年齢は約50億歳で、地球の年齢は46億歳であると言われている。地球については定説になっているが、太陽は推定でしかない。しかし、この推定でも、地球ができるまでに約４億年という年月がある。その間に何があったかは、全く手がかりもないのでお手上げの状態であった。そこで、最近発展した太陽系外惑星探究が役立つことがわかった。なお、この話題について詳しく知りたい読者には、拙書『地球の影』をお勧めしたい。

実は、「惑星移動」が注目されるようになったのも、つい最近であった。1990年代以前にも考えた天文学者がいたようだが、多分、そのような天文学者は俗に言う「大先生」ではなかったように思われる。太陽系内惑星は、今あるところで形成され、約46億年間そのままの位置で公転し続けてきた。日本でも「大先生」がそのように言ったので、誰も惑星移動など考えなかったようだ。

数学の世界でも、大先生が新しいアイデアを出すと、若い数学者が我先にその内容に興味を持ち研究が発展するが、私のような「異端者」が新しい分野を紹介し、学会発表し啓蒙しても、誰一人振り向きもしなかった。そこにはその先にある研究者のポジションが、大先生の分野では見えるが、異端者の分野では見えないからである。学問の世界には分野を問わず同じような傾向があるようだ。脱線はこの辺にして、本題に戻りたい。

「ホットジュピター」と呼ばれる惑星がある。最初に発見された太陽型恒星の周りを公転する惑星「51ペガシｂ」がそれである。ホットジュピターを直訳すると「熱い木星」になる。原始惑星誕生でも書いたように、木星のようなガス惑星は、母星のスノーラインの外側で形成される。そのような惑星が、母星の近くで発見された。それで「ホットジュピター」と呼ばれるようになった。だから51ペガシ惑星系でも惑星移動があったと考えられる。

移動したと考えられる51ペガシｂは、母星の赤道平面を母星の自転方向と同じ方向に公転している。しかも、その軌道は母星の赤道平面からそれほど大きく傾斜していない。しかしコンピュータシミュレーションでは、このような移動は、速いことを示しているようだ。多くの場合、惑星はちょうど数千年のうちに、母星の中へ螺旋状に落ち込んでいく。その結果、我々が現在観測している状態になったと考えられる。

ホットジュピターのもう1つの例は、HD 209458b（オシリス）が挙げられる。これは、恒星前面通過によって発見され、現在も観測が続けられている惑星である。オシリスは、現在母星によって大気を剝ぎ取られているので、固体の核が残る状態になるかもしれない。そうなると、ガス惑星は核合体でつくられるという説が実証できる。しかし、そこまで人類が存続できるかが問題である。

「スーパーアース」と呼ばれる太陽系外惑星も登場した。この惑星の定義は、地球より大きく海王星より小さい、ちょうどその間にある惑星となっている。スーパーアースという専門用語は、地球より大きいが、岩石でできた表面と薄い大気を持つ惑星に適応できる。「小型海王星」という専門用語は小さいガス惑星を指す。しかしデータの不確かさから、これら2つの分類における境界は、はっきりしないで曖昧であるようだ。

天文学者は、スーパーアースを4つに分類している。密度の低いスーパーアースは、大量の水素とヘリウムを含んでいて、矮スーパーアース、あるいは小型海王星と称する。中間の密度をもつスーパーアースは、多分、海の世界で、その水が主要な構成物質である。3つ目のタイプのスーパーアースは、小型海王星より密度の高い核をもつが、依然として小型海王星の広大な大気を有する。その大気の広がりは、惑星の母星からの距離に依存する。母星から離れれば離れるほど、その惑星は低温になるので、それが保有する大気がより多くなる。最後に、さらに大きい高密度のスーパーアースは、メガスーパーアースと呼ばれ、多分、岩石、あるいは金属を主要な構成物質として含んでいる。

太陽系において、上記の約４億年間に、木星のようなガス惑星、あるいはスーパーアースが形成された可能性もある。それらが惑星移動でも述べたように、近隣の天体や原始太陽系星雲ガスによる影響で公転軌道が変わり、ホットジュピターになり、そのまま太陽に突っ込んで行った、あるいは太陽系外に放り出され、すでに発見されている「系外惑星」になったことも考えられる。この期間に、惑星の複数の世代をつくることも考えられる。だから、初期太陽系は、太陽に落ち込んで行ったスーパーアースを保有していて、その後に残った物質から、水星、金星、地球、そして火星を形成した可能性もある。

このカオスの時代については、さらに多くの太陽系外惑星系を探究し、そこからコンピュータシミュレーションして、解明していくこと以外方法はないようである。

巨大ガス惑星の移動

木星が、太陽から3.5 auのところで形成された。1 auは太陽と地球の平均距離を示す。現在小惑星帯が2.8 au、木星は5.2 auの距離にあるので、かなり小惑星帯に近いところで形成されたことになる。巨大ガス惑星は、最初に岩石でできた地球のような原始惑星ができ、その周りに原始太陽系星雲からガスを引き込んで、ガス惑星に発展したと考えられている。このようにしてできた木星は、周囲のものを引き込んだり弾き飛ばしたりして徐々に大きくなっていった。

また原始太陽系星雲は、まだこの時期大きな質量を持っていた。それは、木星と他の初期にできた惑星を組み合わせた量よりもはるかに大きい。そこで惑星移動で述べたように、原始太陽系星雲内のガス粒子が作用して、木星は太陽系内部へ螺旋軌道で落ちていった。土星は、木星が形成されたすぐ後、太陽から4.5 au の位置で形成された。現在、木星は5.2 au、土星は9.54 au であるので、はるかに太陽に近い位置で、それは現在の木星の位置より少し太陽に近い位置になる。ここで形成された土星も、原始太陽系星雲内のガス粒子が作用して、太陽系内部へ螺旋軌道で落ちていった。両惑星とも、この移動の期間中でも、原始太陽系星雲からガスを捕食し成長していったと考えられている。

木星が、太陽から1.5 au の距離に達したとき、その移動は止まった。現在、火星は太陽から1.52 au の位置にあるので、この付近で止まったことになる。このとき木星と土星は３：２の共鳴公転に入った。これは、木星が太陽の周りを３公転する間に、土星は２公転するという共鳴である。その共鳴が一種のブレーキの役割を果たしたようだ。ここまでの移動には、約10万年を要したようだが、天文学的に見ると、それは瞬きする間である。

原始太陽系星雲はまだ存在していて、太陽に近い部分は太陽の重力の影響で、その原始太陽系星雲内のガスも密度が濃く、その中に多くの微惑星が形成され、それらの微惑星の衝突は頻繁に起こっていて、岩石でできた原始惑星も多数あったと考えられる。木星と土星が太陽系内部へ近づいたとき、この２個の巨大ガス惑星は、太陽系内部にある天体を太陽の中へ投げ込んだり、あるいは太陽系から完全に放り出したようだ。これが後日、小惑星帯になる地域の大掃除をした。そして、将来火星が形成される地域に、少ない物質を残しただけにした。つまり、この２個の巨大惑星の移動が、将来惑星を形成する物質を取り除いてしまったようである。

一方、この時期は、まだ十分に原始太陽系星雲内のガスはあった。現在の火星の位置まで太陽に近づいた木星に対して、その軌道の内部には十分なガスと塵があった。それらは、木星よりも速く公転している。また、この時期木星より内部を公転しているガスと塵の質量は、木星質量より大きかった。従って、惑星移動で述べたように、それらのガスと塵が木星に作用した。地球は月よりも速く自転しているので、月を外部に押し込むような潮汐力が働いている。それと同じ原理の潮汐力が木星に働いた。その結果、木星と土星は後退を始めた。木星が太陽から離れるように動いたので、共鳴公転でロックされていた土星も、木星に引っ張られるように後退したようだ。

木星は、急に進路を変えて太陽系外部へ動き出した。そこで、残された惑星構成物質は、太陽の周りに環を形成した。それは、現在の地球と金星のある地域にできた。従って、十分に惑星構成物質のある地域で形成された金星と地球は、十分な大きさの惑星になったが、その環の外部の端にあった火星は、大きく成長できなかった。木星と土星が太陽から離れるように動いたとき、その２つの巨大ガス惑星は、物質を将来できる小惑星帯地域の中へ撒き散らした。

従ってこの理論は、次のようなことを説明したことになる。何故火星が小さいか。何故スーパーアースができなかったか。そして、何故小惑星帯の物質が少ないか。

この理論の１つの異説は、太陽系初期の段階で、スーパーアースが形成されたという。しかし、そこでできたスーパーアースは、木星と土星が引き起こした太陽系内部の混乱で、太陽の中へ螺旋状に落ち込んでいったと考えられている。

木星と土星が、急に進路を変えて太陽から遠ざかるように動いたとき、それらが、天王星と海王星を共鳴状態に入れたようだ。それが、他の大きな天体が太陽系内部へ落ち込むことを妨げた。だから、もし木星が存在しなかったならば、天王星と海王星は、現在の水星軌道の内部を公転し、岩石でできた惑星を形成するための十分な物質は、残らなかったようだ。だから水星、金星、地球、そして火星は、存在しなかったことになる。

水星の形成

岩石でできた惑星に、太陽の周りで最初の200万年から300万年間に、何が起こったかを証明することは非常に難しい。惑星は何処で生まれ、どのように進化したかを背後に書き残していない。そこで他の惑星系を研究し、惑星がどのように相互作用するかの理論を創ることが、賢明な方法である。

ケプラー探査機によって発見された惑星系の中に、数個の惑星を持っていて、それらの惑星は、太陽系における太陽と水星の距離より近い軌道で、母星を公転しているものがある。拙書

『地球の影』第６章「太陽系外惑星の多様性」トラピスト１系で述べた惑星系が、それに当たる。それらは、「立錐の余地もない内部惑星を持つ惑星系」として知られている。

立錐の余地もない内部惑星を持つ惑星系において、その中の惑星は限られた空間内で、常に衝突を繰り返し、幾つかはバラバラに壊れ、残りはその集団からはじき出されて、普通は母星に突っ込んで行く。従って、ここで理論化された惑星系のほんの約10％しか、そのままである、立錐の余地もない内部惑星を持った形では残らないようだ。

そこで幼年期の太陽の周りに、このような立錐の余地もない内部惑星が形成されたと仮定する。すると水星問題を解く手がかりが見つかる。大部分の岩石でできた太陽系惑星は、その地殻とマントルの質量は、惑星全体の質量に対して小さいが、水星は、水星質量の大きなパーセンテージを占める巨大な鉄の核を持っている。これが水星問題である。

水星はしかるべきところで形成されたならば、太陽よりさらに近く、今日よりも大きかったはずである。そこで、太陽系が現在の水星軌道の内部で、数個の内部惑星が、太陽の周りを飛び回って始まったと仮定する。つまり、水星を含む立錐の余地もない内部惑星があったと仮定できる。このとき水星以外の惑星は、多くの衝突を引き起こし、水星が形成されたときの外殻の大部分を蒸発させ、核を覆う薄いベニヤのようなものを残しただけになった。太陽系の最初の数十億年間に、その岩石でできた惑星は、多くの衝突を引き起こし、兄弟たちとの生存競争を勝ち抜いて、最終的な勝利者になった。それが水星である。

なお、これは1つの研究者グループの説で、依然として賛否両論あるようだ。

氷状ガス惑星の移動

巨大ガス惑星の移動で述べたように、木星と土星は太陽から離れるように動いた。そして、両惑星が現在の位置近くに来たとき、そこまであった原始太陽系星雲が蒸発して消えてしまった。しかし、太陽系形成物語を終わらせる、つまり現在の位置に惑星が来るまでには、もう少し動きがあったようだ。この動乱についてはまだ多くの考え方があるが、ここでは1つの説を紹介したい。

原始太陽系星雲が消えたとき、無数の微惑星が惑星の間にあった。木星と土星は、その微惑星の海とも言えるところを公転していた。この2つの巨大惑星の強力な重力が、近隣の微惑星を加速させた。その速度が速かったので、惑星に衝突しないで近隣から撒き散らされた。この2個の惑星が公転中、これらの微惑星を加速させて撒き散らしたとき、それらの微惑星も惑星に影響を与えた。つまり、微惑星が惑星の公転速度を上げたり下げたりする。公転速度が上がれば惑星は外部へ移動し、下がれば内部へ移動する。1つの微惑星だけ考えたときは、惑星への影響は微々たるものだが、数多くの微惑星が影響を与えると、その影響も大きくなる。

天王星と海王星は、現在の位置19 au と30 au で形成されたと考えるのは難しい、何故ならば、そのような大きな惑星を形成するだけの物質が、その時その付近になかったからだ。天文学者は、海王星は15 au付近で生成されたと考えている。つまり現在の土星と天王星の間になる。

このような無数の微惑星の撒き散らしから、惑星同士は離れるように動いた。木星と土星は、その軌道が離れたとき再び共鳴公転に達したこともあったが、その後は、共鳴公転に入らずにその軌道が離れ続けた。その代わり、共鳴公転に入らなかったことから重力的衝撃を生み出し、木星と土星の軌道をさらに長軸の長い楕円軌道に変えた。この軌道の変更が、２個の巨大惑星を天王星と海王星の方向へ押し込んだ。その結果、天王星と海王星は、太陽系外部へ追放され、太陽系外部にあった微惑星の貯蔵庫の中へ突っ込んで行った。そして、太陽系全体に小さい岩石を撒き散らした。これらの岩石の一部が、太陽系外部へ押し込まれてカイパーベルトを形成し、残りの一部の岩石は、内部太陽系惑星に衝突していった。これが、後期重爆撃期の原因であると考えられている。さらに残された岩石は、オールト雲に動いて行った。

この説では、その後さらにカイパーベルト天体との角運動量の交換によって、天王星と海王星が場所を入れ替え、現在の位置に安住したと主張しているが、その位置交換はなかったと考える天文学者もいる。

今後の観測に期待

上記の巨大ガス惑星の移動、水星の形成、そして氷状ガス惑星の移動は、コンピュータシミュレーションを駆使して作り上げたもので、実際に観測して確かめていない。現在の太陽系外惑星探査方法は、恒星の前面を通過する惑星が、その恒星の光度を落とすことを観測する恒星前面通過観測方法か、恒星の揺れを観測して、その恒星の周りを公転する惑星を調べる方法が主である。このような方法では、上記のことを確認することからはほど遠いようだ。

一方、フォーマルハウトとHR 8799の惑星は、直接画像を撮って発見されたものである。しかし、この両方の惑星系には、母星に近いところに「黄道光の塵」があって、母星に近いところはその塵で見えない。黄道光の塵は、太陽系にもある。その塵は砂つぶのような小さい粒子で、その源はたくさんある。彗星が太陽に近づいたとき、太陽光によって彗星は温められ、その表面からジェットが出て、その背後に尾を造る。また小惑星が衝突したときも、さらに小さい小惑星と塵を残す。このようにしてできた巨大な塵の雲は、太陽系内の太陽からカイパーベルトを越えて延びている。天文学者は、この塵の雲の太陽から小惑星帯まで広がる内部の部分を「黄道光の塵」と呼んでいる。他の恒星の周りにある同じような塵の雲には、「太陽系外黄道光の塵」という名前を付けた。

フォーマルハウトとHR 8799の両方の黄道光の塵の中に、惑星が隠れている可能性があると天文学者はみている。その中で、上記のような惑星の動きがあるかもしれない。あるいは、母星にもっと近いところでは、立錐の余地もない内部惑星を持っていて、上記の水星形成理論のようなことが起こっていることも考えられる。今後の科学技術の発展で、それを確かめることも可能であると信じたい。そこで2021年クリスマスの日に打ち上げられたジェームス・ウェッブ宇宙望遠鏡に期待したい。

黄道光の塵を使って、地球型惑星を探査する方法も考えられている。これについては、拙書『地球の影』第12章「地球型惑星探査」ETの太陽系観測で述べているので参考にされたい。

第3章　太　　陽

プロフィール

我々の日常生活において、太陽は無くてはならないものである。太陽は、パワー、エネルギー、熱、そして光を与えてくれる。我々が科学的視点で、日常生活における究極的な力の源を考えるとき、それは太陽になるだろう。地球上の大部分の生命体にとって、太陽の存在は欠かせないものである。

そこで太陽を考えてみよう。一般的に、太陽は「平均的な恒星」で、無数の恒星の中では「中間的質量」を持つと言われている。恒星の中には、太陽よりさらに大きく、エネルギッシュで派手なものもあれば、太陽より小さくて、静かに進化し、長生きするものもある。太陽は、水素をヘリウムに変換する核融合でエネルギーを出している。その水素が枯渇するとゆっくり静かに死んでいく。恒星の中には、最後に大花火大会を演じて死んでいくものもある。

水素をヘリウムに変換する核融合によって、その副産物として巨大な量の放射エネルギーを放出している。だから、太陽は自然の核エンジンである。それ自体、太陽は非常に効率の良いエンジンである。太陽は毎秒約7億トンの水素を核融合する。その質量は、燃料を満タンにしたボーイング747-8飛行機130万機の質量に匹敵する。

太陽はスペクトルタイプG2Vの恒星である。その意味は、太陽はやや白い、いわゆる主系列星で、恒星進化のありふれた過程にいて、現在ちょうど中年に差し掛かっている。「G2」は色温度分類で、「V」は光度クラスで主系列星を意味する。他には、超巨星(I)、輝巨星(II)、巨星(III)、そして準巨星(IV)がある。太陽光をスペクトル分解すると、黄色緑色の波長でピークになる。しかし、色と強度の全体的な分類は、我々が「白色光」として感知するものを生じる。実際、太陽光は白色光と定義されている。

太陽系の近隣の約7.5%がGタイプ主系列星で、ライジル・ケンタウルス（アルファ・セントーリAを国際天文学連合が2016年に改名した)、カペラ、そしてタウセチがその中に入る。ただし、カペラは多重星系で、その中の2個の最も光輝な恒星は太陽型である。

太陽は、ミルキーウェイ銀河の巨大な規模と比較すると小さいが、その重力は太陽系の構造を支配している。そこには地球軌道のサイズ、公転速度、そして公転軌道維持が含まれる。太陽の表面は、地球を109個並べられる大きさである。太陽系内最大の惑星である木星でも、太陽直径のほんの10分の1である。太陽質量は2×10^{30}kgで地球質量の33万倍である。太陽の当初の質量の約4分の3は水素で、残りはヘリウムが占めている。酸素、炭素、ネオン、そして鉄も少しは含有している。これは太陽系を構成した物質からの影響である。この水素が地球に、太陽の熱と光を供給する燃料である。太陽はすでに50億年間ゴミに当たるヘリウムに変換してきた。

恒星の分類の仕事は、主にハーバードカレッジ天文台で進められ、最終的にアニー・ジャンプ・キャノンが簡素化したものを使って、スペクトルタイプでO, B, A, F, G, K, Mと並べた。この恒星のクラス分けは、次のようにすると覚えやすい。

Oh, Boy A Fine Girl Kiss Me

一方、オランダ人天文学者アイナー・ヘルツシュプルングとアメリカ人天文学者ヘンリー・ノリス・ラッセルが、ヘルツシュプルング・ラッセル図、略してHR図と呼ばれる図を考案した。

HR図は、x軸上に恒星のスペクトルタイプ、y軸上に恒星の光度をとったもので、全ての恒星はその中の座標で表すことができる。恒星は3つのグループに属していて、太陽を含む大部分の恒星は主系列に属する。それはHR図の左上から右下に走る恒星の列で、左上が高温で光度の高い恒星、右下が低温で光度が低い恒星を示している。主系列星は、そのほとんどのエネルギーを水素をヘリウムに変換する核融合から生成している。主系列星の位置は、その恒星が誕生した時の質量で決まる。

恒星がその生涯の終焉を迎えたとき、非常に膨張し、赤色巨星・超赤色巨星になり、HR図の右上に位置する。一方、小質量星で活力を失った恒星は、白色矮星になる。白色矮星は、高温ではあるがわずかの光しか放たない星で、HR図の左下に位置する。だから、HR図は、恒星の進化の秘密を明らかにする鍵になっている。

コロナ質量大放出

1971年、U.S. Naval Research Laboratry（米国海軍研究所）が最初に、太陽がときどき太陽の一部分を宇宙空間へ放出していることを発見した。Orbiting Solar Observatory（周回太陽観測機）の電子機器技術者が、望遠鏡で見た太陽像の一部が、突然輝いたことに気づいた。このデータを解析したところ、輝いた部分は太陽内で始まり、宇宙空間へ飛び出して行ったことに気づいた。しかし、何故、このようなことが起こるのか。

太陽の複雑な磁場は、少しの間連結が切れ、また連結されるという部分を含んでいる。そこで、数千の水爆に匹敵するエネルギーを発散し、原子の断片を宇宙へ放り出す。この過程を「コロナ質量大放出」と呼んでいる。コロナ質量大放出は、100億トンの物質を含み、秒速約3,200 kmで宇宙空間を飛んで行く。その速度は光速の1％であり、エネルギー量は太陽が1秒間に放出する全エネルギーに匹敵する。このような強烈な現象は、太陽磁場がエネルギーを放出するため、太陽活動最盛期に起こる。

コロナ質量大放出が、地球に多大の被害をもたらすのは、コロナ質量大放出が大質量であって、太陽ディスクの中心近くから高速で放出するとき、コロナ質量大放出で出た原子の断片が、宇宙空間を飛行し、地球と衝突するからである。

太陽は、地球のように、固体の天体のような自転をしていない。赤道から極にかけて、だんだんと自転の速度は遅くなる。このように、部分によって自転速度が異なるので、太陽磁場は縺れていて、強い局地的な磁場を発生させる。太陽の活動の活発な部分は、磁場が表面を引き裂く位置にある。コロナ質量大放出は、２つの磁力線が逆方向になって出会ったとき起こり、エネルギーを放出すると科学者は考えている。

コロナ質量大放出時の荷電粒子は、それ自体の磁場をもっている。その磁場の方向が、地球のものと平行になったとき、我々を守っている地球の磁場が、そのプラズマを害のないものにする。しかし、それが平行でなくなると、プラズマからのエネルギーが、地球にまともにやって来る。地球の磁場に沿って飛んできたコロナ質量大放出時の破片が、局地付近で大気圏内に集結する。それらの粒子が、秒速447 km 以上で飛び、2.54 cm^3 内に130個以上の粒子が存在すると、地球の磁気層を引き上げ、荷電粒子を大気圏に突入させる。我々は、このプロセスを「オーロラ」と呼んでいる。地球の磁気圏が繰り返し変化するとき、その現象を「磁気嵐」と称する。

けれども、荷電粒子が地球へ到着するずっと前に、光が地球をヒットする。光子は光速で飛んで来るので、それは地球に達するのに８分20秒しかかからない。だからこの光が、荷電粒子の到着を警告する。我々がコロナ質量大放出を確認しても、荷電粒子が到着するまで地球は大きな被害を受けることはない。

しかし、National Oceanic and Atmospheric Administration（NOAA：米国海洋大気局）の研究者は、次のような警告を与えている。

その光は良好なものではない。まず、光速で飛来する高エネルギー電磁波が含まれていて、紫外線とＸ線も含んでいる。

これらの電磁波は、地球大気の72kmまでをイオン化することができ、海面上10kmから30kmに広がる成層圏まで、粒子を荷電粒子に変えることができる。

太陽からは、常に太陽風が地球に向かって吹いている。これは低エネルギー粒子の流れであり、低速で動いている。コロナ質量大放出による荷電粒子は、この太陽風をかき分けて進まなければならない。だから、コロナ質量大放出の太陽風への影響は、衝撃波をもたらし、太陽風のスピードを低下させる。従って、平均的にコロナ質量大放出による荷電粒子は、地球へ到着するのに３日から４日かかることになる。

太陽嵐の恐怖

1989年３月10日金曜日、太陽ディスクの中央での大爆発が、大量の光子と電子を地球方向へ送り込んだ。これらの粒子が地球へ到着しないうちに、このコロナ質量大放出に伴う高エネルギー電磁波放射が、ほんの数分間の間に地球へ到達し、通信機器を破壊した。

２日後、太陽からの粒子の大群が地球の磁場を直撃した。その速度は秒速1,600kmであった。太陽からの粒子は、地球の磁力線に沿って流れ、極地付近の大気圏に群がった。すると、巨大な量の電流が薄い空気中を流れ、最も迫力のあるオーロラを生み出した。オーロラを見るのに、アラスカまで行く必要はなかった。このときオーロラをアメリカ南部でも見ることができた。

３月12日の夜、カナダ・モントリオールの巨大な地下歩道システムには、ほとんど人通りがなかった。深夜の墓場番は、その夜は地上に出るのを避けていた。そして何の前触れもなく、あらゆる物がブラックアウトした。その後しばらくして、バッテリーによる非常用の照明が、松明のように街を照らし出した。エレベーターは急激な衝撃を伴って停止した。従って、乗っていた人々は、エレベーターの中に閉じ込められた。カナダ人口の10分の１を占めるケベック州全体の街灯が消え、完全なブラックアウトの状態に入った。

羅針盤が狂いだし、表示板の下で電流が流れ出した。アメリカ大陸全体で、ガレージのドアが夜通し上下動を繰り返した。地表がジュージューという音を立て、火成岩を多く含んだ地域では、電線の中へ地磁気からの電流が流れた。

３月13日午前２時44分、太陽活動による電流の急増が、ケベック州の発電所に被害をもたらし、ケベック州の電力供給組織は崩壊した。300万人が暗闇の中に取り残され、その内、50万人以上の人たちが、暖房を電力に依存していた。モントリオールでは、ウイークデイの地下鉄が使用不能になった。また、モントリオールの主要空港ドルヴァルも、レーダーが使用不能になり、一時的閉鎖を余儀なくされた。

この太陽嵐は、アメリカの送電所を停止させる寸前のところまできていたが、他の蓄電所の援助によって、その危機を脱することができ、アメリカはかろうじてブラックアウトを避けることができた。

その間宇宙では、強烈な太陽からの粒子の急襲が、人工衛星の半導体に被害を与え、技術者が修復するまで、数時間制御不能になった。数日前に打ち上げられたスペースシャトル・ディスカヴァリーのセンサーは、燃料セルへ水素を供給する主要タンクの中で、異常な圧力を探知した。この太陽嵐が収まったとき、不可思議な異常は、すべて消え去った。

最悪のシナリオ

太陽嵐の可能性のある最大のものは、1859年8月28日に起こった。そのとき、1週間に亘って黒点とフレアーの賑やかな現象を太陽は見せていた。9月1日、英国人天文学者リチャード・キャリントンは、1つのフレアーが明るく輝き、太陽ディスクのその部分で、太陽の光が2倍になったように見えた。もちろん、彼はその部分から発せられたX線を見ることはできなかった。彼は、そこからX線が照射されることを知らなかったけれども、太陽記録史上最大のコロナ質量大放出を目撃している。

このときの地球上への影響は計り知れないものであったようだが、コロナ質量大放出は、その日の前にも起こっていた。これらの早期に発せられた粒子は、太陽風に激突し、太陽と地球の間の道を造った。結果的に、この新しいコロナ質量大放出では、粒子が地球へ達するのに、ほんの18時間しか要しなかった。これは2番目に速い記録である。そして、キャリントンが、９月１日にその光子だけを見ている間に、太陽からの超高速素粒子が９月２日早朝に地球を直撃し、かつて記録にないほどの強力な磁気嵐を生み出した。

その時代、電信線だけが電流の流れる唯一の電線であった。電信線は、ジュージューという音をたて、ポンポンはじけた。火花を発した機器が、大西洋両岸で、無数の電信施設を不能にし、恐れおののいたオペレーターが、椅子から跳ね上がった。しばらく動けなくて、床で意識を失って発見された人もいたという。

被害は広範囲に亘り、コストはたいへんなものであったようだ。一方、あっと驚くようなオーロラが夜空を賑わせた。そのオーロラは、普通の淡いグリーンを超えて、深紅を含むもので、低緯度地域でも高緯度地域でも見ることができた。しかし、そのオーロラを見ない数百万の危機を感じた人々は、このようにして世界は終焉を迎えると想像した。このときのオーロラは、非常に明るかったので、アメリカ西部では、朝が来たと思って朝食を作る人もいたようだ。また、ニューヨークでは、屋根の上が人だかりになり、歩道にも人が溢れた。

この太陽嵐は、人類がエレクトロニクス、パイプライン、人工衛星、GPS、極地を飛ぶジェット機、人類を搭載した宇宙ステーション、あるいは長距離高電圧電線をもたない時代であった。もし、それらをもっていても安全であったか、あるいはそうでなかったかはわからない。

なお、この19世紀の最悪のコロナ質量大放出は、現在「キャリントンイベント」と呼ばれている。また、SOlar and

Heliospheric Observatory（SOHO：太陽太陽圏観測機）が、2013年１月23日にコロナ質量大放出をキャッチした。放出された質量は相当あったようで、それは秒速603 km で動いた。これは一番速いものの10分の１の速度である。そして、このコロナ質量大放出の方向に地球がいなかったので、結果的に地球へのダメージはなかった。

現在、太陽嵐が吹き荒れると、次のような被害を受けると考えられている。航空機との交信に影響を与えるばかりでなく、これらの太陽嵐は、地上の交信にも多大の被害をもたらす。すべてのレベルの救急隊とアメリカ湾岸警備隊は、高周波通信を使っている。太陽嵐が起こると、GPS 機器は正確に作動しないので、探査、掘削、農業等に問題を生じさせる。もちろん、携帯の使用についても同様である。

太陽からの粒子は、人工衛星の半導体内を荷電することができるため、でたらめの指示を与えたりする。その人工衛星は、テレビから天気予報まで、あらゆることに必要である。

さらに、カナダの被害を見てわかるように、宇宙天候は電気送信の機能を停止させるので、ブラックアウトを生じる。さらに、パイプラインに沿って走る電流を数百倍にまで増強する。

弱まる太陽

太陽黒点の記録は、紀元前４世紀まで遡る。しかし1610年、ガリレオが、黒点が太陽表面を横切るように動くとき、その詳細を観測した。それは、黒点がほとんど消えた、マウンダー極小期の約30年前であった。マウンダー極小期は、1645年から1715年まで続いた、太陽活動が激減した70年間である。

その2世紀後、ドイツ人天文学者ハインリヒ・シュバーベが、驚くべき発見をした。それは、太陽系内で水星の内部に惑星を探しているときであった。シュバーベは、彼の太陽黒点観測から、約10年に1度ピークがあるようだということに気づいた。不明瞭な歴史的理由から、天文学者は、1760年をピークとする平穏なサイクルに、「太陽サイクル1」というラベルを貼った。

太陽は、極大と極小の活動について11年周期に従っていると考えられている。それは、まさに時計のように正確にセットされたパターンをもっている。そこには、より弱い、そしてより強い黒点パターン、フレアー、そしてコロナ質量大放出の期間が含まれる。しかし、2008年に始まった太陽サイクル24は、ほとんど1年遅れで始まった。太陽サイクル24の太陽黒点極大期は、100年間の最小数で、太陽黒点サイクルにおいて、減少する活動動向で3番目になった。そして、太陽サイクル25も太陽活動は活発でないと聞いている。マウンダー極小期の最後は、このようになった最後のときであり、これから太陽活動が活発化する時期であると考える太陽物理学者もいる。

この異常な長さの太陽極小期は、太陽科学者が、ほんとうに太陽内部で起こっていることを理解しているのかという疑問を投げかける。磁場はこのような極小期に、大きな問題になるところであると言われる。

太陽科学者は、太陽磁場は太陽の内部で始まっていると理解している。プラズマの活動的な流れが電気を生じさせ、太陽の活動的ダイナモ（発電機）を生じさせる。この内部のプロセスが太陽磁場を発生させる。

太陽は、これらの磁場に集中し、そのプロセスの中で、その磁力線を絡ませたり、ひっくり返したりする。このようなねじ曲がった磁場は、上昇したり下降したりするガスのセル（まとまって動く大気の部分）を制御し、エネルギーを運搬する。このようなプロセスを科学者は「対流」と呼んでいる。磁場が太陽表面、あるいは光球を通り抜けるところでは、温度は1,500℃に達するが、その周囲よりは温度が低い。このような地域では、エネルギー放出量が少ないので暗く見える。それが太陽黒点である。

このような太陽の振る舞いが、天文学者に疑問を投げかけている。サイクル24が、将来において、太陽に何かが起ころうとしていることに対するヒントであるのか。次の２つ、あるいは３つの太陽サイクルに何を期待できるのか。地球には、暖かい気候よりもむしろ、寒い気候が運命づけられているのか。そして、我々の大切なスペクトルタイプG2の恒星である太陽が、特有の中年の習性に入ることで、考え方を微調整しなければならないのか、それとも、その考え方が間違っているのか。

太陽サイクル24は、１世紀以上において、最も弱い太陽黒点と磁場活動サイクルの１つであると見られている。サイクル24と多分サイクル25は、グレイスバーグサイクルとして知られている、太陽黒点記録内に現れる、提案された100年周期の一部分である可能性があると言う天文学者もいる。そして太陽は現在、下り坂の活動期間にあるようだ。

太陽サイクルは、太陽磁場の生成を決める。研究者は、このような磁場は、その恒星内部の分割された自転から生じると考えている。それは、異なった自転速度、経度、そして深さにおける太陽大気の自転である。太陽は、赤道付近よりも極地でさらにゆっくり自転する。太陽の光球内のこれらの磁場を絡ませる、あるいは曲げることは、太陽黒点生成において重要な役割を果たすようだ。なお、光球は見える表面をいう。

現在、太陽は活動しているが、黒点の少なさは普通ではない。これは何が原因か。太陽サイクル24は、20世紀初めにあった太陽サイクル14と15に似ていると言われている。そして実際の問題は、ここにあるのではないかと指摘する天文学者もいる。モダン・マクシマムと称される、その前に続いた強いサイクルを何が引き出したか。そのモダン・マクシマムは、1914年にサイクル15として始まったと一般的に考えられている。19世紀の大部分を通して、黒点数は少し減少の傾向にあった。しかし、1930年から1990年、太陽は普通より少し活動的になったようである。

天文学者は、恒星が歳をとると、磁場ブレーキングとして知られているプロセスによって、その自転が遅くなると指摘している。太陽はその進化の過程において、新しく予期できない長期の、より穏やかな時期に入っている可能性が高いともみられている。この比較的穏やかな時期は、数億年間続くかもしれないが、その結果、太陽の短い期間のサイクルは、最終的に消滅するのではないかという太陽学者もいる。しかし我々は、太陽がすでに中年の穏やかな時期に入ったことが、確かであると言えるか。

これをテストするために、ある科学者グループは、太陽と真に同類であると認められる、さらに多くの恒星をモニターした。そして、16シグニＡ、Ｂのような太陽より約２億年年上の恒星は、その種の長期間の穏やかな状態に入っているようだと結論付けた。

現在の太陽活動の弱さは、数十年間太陽黒点が見られなかったマウンダー極小期のようなグランド・ミニマムではなく、約200年前のダルトン極小期のスモール・ミニマムであるという見方が多いようだ。

実際、太陽学者が未だに正しく理解していないことは、11年太陽サイクルのような短期間の磁場の振る舞いであり、それが現在、太陽学者が熱心に研究していることである。

小氷河期

1500年から1850年、小氷河期がほとんど全世界を冷え上がらせた。しかし、それは特に北ヨーロッパに強い影響を与えた。寒い夏と平均より寒い冬が、その特徴であった。異常に寒い冬が、1814年という遅い時期でも、テムズ川を凍結させた。

1645年から1715年の70年間に亘るマウンダー極小期に加えて、この時期に、他に２つの太陽活動極小期が、北ヨーロッパに影響を与えた。1415年頃から1510年頃までのシュペーラー太陽活動極小期と1795年頃から1820年頃までのダルトン太陽活動極小期がそれである。

幾人かの研究者は、火山灰が小氷河期の発端になり、マウンダー極小期がその効果を増大したと考えている。ある太陽物理学者は、その可能性が高いと見ている。小氷河期は実際、マウンダー極小期の前に始まり、マウンダー極小期へ繋がっていった。たぶん小氷河期は、太陽がその原因でないならば、過去における最大のものであろうと言われている。

幾つかの報告に反して、この期間の太陽活動の弱さは、そのときの文書により十分に立証された。パリ天文台の研究者は、ここだけで1660年から1719年にかけて約8,000回の観測を行った。そして1887年に、1672年から1699年の間に記録された黒点の観測結果をまとめて、ドイツ人天文学者グスタフ・シュペーラーが、50個以下の黒点しか発見できなかったと報告している。

重大な太陽活動極小期が、現在の気候にどのような影響を与えるかを推測することは、たいへん難しいことである。しかし、もし、マウンダー極小期の間のような太陽活動であるならば、温度低下現象が始まるかもしれないと言われている。しかし、科学者は依然として、このような重大な太陽活動極小期の独特の影響について論戦している。この議論の一部は、地球の大気がこのような太陽活動の変化をどのくらい増長させるかについての疑問を基にしている。

結果として、太陽物理学者と気候学者の間の連携が取れていないので、太陽物理学者と気候学者の両方が、地球気候への太陽活動の効果について、力を合わせて研究する必要があるようだ。

太陽観測

太陽のコロナ質量大放出という突然の現象があることは、上記の説明でご理解いただけると思う。また長期展望においては、太陽は本当に弱まっているのかということも、我々人類にとって重大問題だろう。そこで太陽を監視することは最重要事項の１つである。すでに多くの太陽観測機器が宇宙に出ていて、太陽を観測してきた。ここでは、その一部に触れたい。

宇宙天候防御道具一式の中に、旧式の磁力計が含まれる。これは、磁場の強さと方向を測定する機器である。さらに地上における粒子探知機である。しかし、最も必要な装備は、人工衛星と探査機である。ESA と NASA が協力して開発したユリシーズ（Ulysses）は、太陽の全緯度領域を調査するために設計された無人探査機で、太陽の極を回る軌道に送り込まれた。また NASA は、太陽系の縁まで達したボイジャー探査機の初期の飛行で、太陽風探知機を用いて観測した。しかし、近代的な探査機は、さらに強力である。

Geostationary Operational Enviromental Satellite（GOES：静止環境衛星）は、1975 年から利用されているアメリカの静止衛星で、通常は気象衛星として紹介されている。しかし、気象だけでなく、太陽と地球を同時に観測し、X 線で見ることによって太陽嵐の影響を測定する。

SOlar and Heliospheric Observatory（SOHO：太陽太陽圏観測

機）は、地球から見て数百キロメートル太陽寄りに停止している。SOHOは、太陽フレアーとコロナ質量大放出をコロナグラフを使って観測する。コロナグラフを使用すると、太陽表面から来る光を遮蔽するので、コロナをより鮮明に捉えることができる。SOHOは、これらの現象が起こったとき、それを凝視して２日から４日前に警告を与えることができる。

Advanced Composition Explorer（ACE：高性能構成物質探査機）は、NASAのエクスプローラー計画の一環として1997年８月25日に打ち上げられた。これは最も強力な探知機で、本来の寿命を超えているが、その引き継ぎ探査機はまだ飛んでいない。ACEは、第一ラグランジュ点に静止している。ラグランジュ点は５つあり、これは、その内の１つで、太陽の重力と地球の重力のバランスのとれた位置である。第一ラグランジュ点は、太陽と地球の間にある。ACEは、太陽風の密度と磁気を測定し、１時間ないし２時間以内の宇宙天候に対する特別な警告を与えることができる。

Solar TErrestrial RElations Observatory（STEREO：太陽地球関係観測機）は、NASAの太陽調査プロジェクトで、２機の観測機で異なった角度から太陽を同時に観測することにより、立体的に太陽を見ようという計画である。STEREOは、太陽フレアーとコロナ質量大放出のデータを取るペアの１つで、コロナ質量大放出時の暗いコロナホールを示すことができる。太陽が、コロナ質量大放出をしたとき、STEREOは対称的な爆発としてショーアップさせる。それは、我々に向かって来るように見える。STEREOはまた、太陽の裏側を凝視することができる。いずれは、我々から見える半球へ自転してくるが、いち早く太陽嵐を探知できるものである。

2010年2月11日、Solar Dynamics Observatory（SDO：太陽活動観測機）が打ち上げられた。これは、10種類の波長からの画像を送ってくる。主目的は、太陽の変わらない磁気をモニターし、X線発光したとき、そのフレアーを精査し、表面の鼓動が内部へ音波を送ったときを見つめ、超紫外線で太陽を観測することである。このような波長では、太陽がエネルギーの放出を分単位で何千倍にも変化させることを観測できる。そのプロセスから、地球の大気をヒートアップし、厚くすることになる。科学者は、太陽の変動は、最盛期が近づくに従って増加すると予想している。

Parker Solar Probe（パーカー・ソーラー・プローブ：パーカー太陽観測機）が2018年8月12日に打ち上げられた。目的は、太陽の外部コロナの高温問題と太陽風のできるメカニズムの解明である。この探査機は、太陽物理学者ユージン・ニューマン・パーカーを称えて命名された。しかしパーカーは、2022年3月15日に亡くなった。彼は、自分の名前のついた探査機が打ち上げられるのを目撃した最初の人になった。

太陽は強暴であり、魅力的でもある。そして、宇宙のいかなる天体よりも地球に多大の影響を与える。太陽は、我々の費やした数十億ドルのテクノロジーに対して、ちょっとした気まぐれで、いつでもそれらをすべて使用不能にできる。それに気づかない民衆やマスメディアを突然驚かせるという方法で、太陽の気まぐれはやってくる。

第4章　水　　星

日の出前と日没後の黄昏時に、ただ間欠的に見えるだけの水星は、肉眼で見える惑星の中では、一番小さくてほとんどはっきり見えない。しかし、その表面は、火星に次いで容易に望遠鏡で調査できる。水星は、オリンパスの早足の飛脚の神の名前が付いて、マーキュリーと呼ばれている。2021年10月1日、ヨーロッパと日本の共同開発のベピコロンボ探査機が、そのちっぽけな惑星の6回の接近飛行のうちの最初の接近飛行を行って、2025年水星の周りの周回軌道に入る。

ジョバンニ・スキャパレリ（1835〜1910）

約140年前、イタリア人天文学者ジョバンニ・スキャパレリが水星探査を始め、それは、依然として光学望遠鏡時代の最も歴史的な努力の1つとして評価されている。その立派な努力は、回想に値する。

1880年代初期、スキャパレリは、彼の水星研究を始めた。そのとき、彼の火星の地図作成は、すでに有名だった。だから、ミラノのブレラ天文台の9インチ（22.86 cm）マーズ屈折望遠鏡を使って、彼の惑星探査を内部惑星まで広げる決心をした。いつものように、金星は、ほとんど特徴のないディスク以上のものは見せてくれない。しかし、水星は見込みがありそうだった。

当時、19世紀のドイツ人天文学者J. T. シュレーターが大きな屈折望遠鏡を使って得た結果が、依然として優勢だった。数夜の観測で、水星の南の先端が尖っていないことに気づいて、シュレーターは確かな約24時間の地球のような自転を推測した。しかし、彼の観測は観測時間の短い黄昏時に行われた。その時、地球大気の最も厚い層を通して、水星を見なければならなかった。一方、スキャパレリの望遠鏡には、正しい赤緯赤経を使って天体を正確に見る機器が装備されていて、彼は、水星を数時間追跡できた。彼は、真っ昼間に水星を観測することを決めた。その時、水星は空高く昇っているので、継続した調査ができた。

1881年6月、スキャパレリの当初の彼のテクニックテストは、見込みがあった。それが1882年1月末に始まった継続観測になった。7年間に亘る観測で、スキャパレリは、数百回の水星観測を行った。と共に150の素描もした。それらは、ブレラ天文台の書庫に保存されている。

ミラノの空気は、夏の間は撹乱しているが、冬はいつも純粋で穏やかだ。それは、昼間のどの時間でも観測は可能であることを意味する。スキャパレリの倍率は、いつも200倍で、彼は興味をそそる薄いローズ色の円形をつぶさに調べた。その円形は、彼の望遠鏡では肉眼で見た月より少し小さく見えた。水星上の斑紋は、ほとんどいつでも存在した。その形は、極めて繊細な筋だった。しかし、それらはコントラストが低かった。巻雲の煙霧、あるいは層が邪魔するときは、いつもそれらは消えた。

スキャパレリは、1882年２月６日に太陽の東の最大離角のとき、水星を観測し始めた。なお、離角とは太陽と惑星の間の角距離をいう。それは、宵の明星としての出現に合わせた。その日、彼はディスク上の斑紋の大きなシステムを見つけることに成功した。これらの斑紋は、奇妙にも結合していて数字の「５」を形作っていたと記録した。その数字「５」はスキャパレリに意味深い印象を与えた。

その８月は、彼の数々の勇敢な観測が行われた時だった。それは、彼が水星のちっぽけなディスクが半面以上見えているものを追跡したからだった。普通、水星や金星は光学機器を通して見ると、月に例えると半月か三日月に見える。満月に近い形を見ようとすると、太陽に近いときになる。内惑星は、スキャパレリが行ったように昼間でも観測できる。だから、満月に近い形で捉えることは可能であるが、素人が固定されていない望遠鏡で観測すると、手ぶれなどで望遠鏡が動き、太陽光が入る可能性がある。これを見ると瞬時に失明する。だから、昼間の内惑星観測には、プロの指導下で行うべきである。

スキャパレリも、水星が太陽の西3.5°以内にあったとき観測し、彼の網膜に大きなダメージを与えたことを後に認めた。彼は、いつもよりちょっと少ない光で、水星がほとんど完璧に丸いのを見た。しかし、見かけの直径が４″、あるいは５″幅減っているという事実にもかかわらず、観測できる斑紋の位置は、他の時期よりもはっきり判断できた。９月、水星が次に太陽の東に来たとき、彼は再びその「５」を発見した。スキャパレリの考えは固まり始めて、結果的にその観測できる斑紋のタイムリーな出現は、水星の公転周期と自転周期が同じ88日であると彼は考えた。

1889年、スキャパレリは研究論文を公表した。その中で彼は彼の観測結果をまとめて、有名な平面天球図を公表した。12月、彼は珍しくミラノから離れて、ローマのクイリナリス宮殿で、イタリア王と女王を含む一般聴衆相手に講演した。その講演の間、スキャパレリは挑発的に次のような可能性を提案した。液体の水と水星で生まれた生命体が、水星の永久に太陽が照りつける部分と、常に夜の陰の部分の間の黄昏ゾーンに繁茂しているようだと。

イルージョン

1965年、研究者が強力なレーダービームを水星へ向けて照射し、その跳ね返りの状況を見た。すると、水星の端から跳ね返って来るビームの波長に、微妙なズレがあり、このズレが、太陽の周りを公転する期間と同じ期間に、水星が自転するということに合致しないことがわかった。つまり水星は、誰もが考えていたより速く自転している。

たとえそうでも、水星は潮汐力ロックされている。しかし、1：1の比率ではない。そして、水星は、太陽を2公転する毎に、3回自転していることがわかった。この3：2共鳴が、水星を長い間安定した状態に保ったけれど、ある奇妙な潜在的重要性を、水星はもっていることがわかった。

第一に、水星の１つの日の出から次の日の出までの各１日は、水星の２年、つまり太陽を２公転するだけかかる。長い灼熱と極寒の期間を水星表面は経験しなければならない。

第二に、この灼熱と極寒の長い周期にもかかわらず、すべての経度が、同じ熱を受けているわけではない。水星は、かなり楕円軌道で公転しているので、太陽へ近づく近日点付近では、公転速度が上がる。

１つの経度で太陽が天頂へ来るときの熱は、90度離れたところが受ける熱の２倍であるようだ。３：２共鳴が、同じ地域が余分の熱を来る日も来る日も受けることを意味する。２つの最高に温度の高いゾーンは、水星の反対側の赤道に沿ったところである。そこの温度は、725ケルビンまで上昇する。

第三に、水星の星との比較からくる真の自転周期は58.8日で、これは偶然にも、水星の会合周期116日の約半分であることがわかっている。なお会合周期とは、地球から水星を見たとき、水星が公転軌道上の同じ位置へ戻るまでの期間をいう。

これは、次のようなことを意味する。地球からの引き続いた観測期間は、水星の同じサイドが太陽に面しているときと一致する。この水星の偶然性を伴った動きが、地球上の天文学者には不運であった。というのは、同じ表面の模様が繰り返し現れるからである。

太陽前面通過

全ての光輝な惑星の中で、水星は観測が最も困難である。天候が良くて太陽フィルターを使えば、日中水星が太陽ディスクを横切る現象を目撃できる。

水星は太陽の周りを平均距離5,800万kmで公転している。水星から見ると地球はその３倍近い距離を公転しているので、我々の視点から水星はいつも太陽に近いところにいる。水星は88日マイナス45分で太陽の周りを１周する。だから１年間に３回ないし４回、水星は太陽と地球の間を通過する。１世紀に13回あるいは14回稀な機会があって、水星の太陽前面通過が見られる。

ここで、2019年11月11日に見られた水星太陽前面通過について詳しく見てみよう。この日、水星はアメリカ東海岸時午前７時35分27秒に太陽前面通過を始めた。天文学者はこの瞬間をファーストコンタクトと呼ぶ。１分41秒後、午前７時37分08秒に水星の全ディスクが太陽ディスクに出現する。これがセカンドコンタクトである。

次の５時間25分間、その小さくて黒い円盤がゆっくり光輝な太陽ディスクを横切る。真ん中の通過はアメリカ東海岸時午前10時19分48秒に起こった。そのとき水星は太陽の中心に一番近いところにいた。ここではわずか1′15.9″離れているだけだ。実際、2190年11月12日の水星太陽前面通過まで、太陽の中心にこれ以上近づくことはない。このときは太陽の中心からわずか9.1″離れるだけである。

アメリカ東海岸時午後１時02分33秒、水星は太陽の右側の端に触れる。これがサードコンタクトである。１分41秒後の午後１時04分14秒がフォースコンタクトでこの太陽前面通過は終了する。

我々は光学機器、あるいは双眼鏡を使わないでそれを見るときは、水星は左から右に横切ることに注意してほしい。しかし光学望遠鏡は、特にミラーの角度を考慮に入れたとき幾つかの形態を示す。ある夜はそのイメージを180°回転させ、別の夜はそれを左右逆にさせ、そして３番目の夜はその両方を見せる。あなたがこの現象を観測するために外に出る前に、あなたの望遠鏡がそれをどのように見せるかを知っていてほしい。するとファーストコンタクトを探す場所を知ることになるだろう。

水星のディスクはわずか10″幅である。これは太陽ディスクの194分の１にあたる。だから、その通過を追跡する最良の方法は、適切なフィルターを付けた望遠鏡で見ることである。太陽のイメージの視野をほとんど満たす倍率の接眼レンズを選ぶべきである。正しい接眼レンズを選ぶために、満月に近い月をターゲットにすると良い。

フィルターを付けた双眼鏡を通して、太陽に対して水星を見つけることができるが、水星は非常に小さい。実際、７倍、あるいは10倍だと、黒点と区別するところでトラブルが起こる。何もないよりも双眼鏡を通して、その水星太陽前面通過を見た方が良い。ファーストコンタクトの後、少し待つと、水星の動きと方法を把握できる。

他には、双眼鏡を三脚を使って固定すべきである。手の不本意な動きが、そのちっぽけな惑星を見つけるのをさらに困難にする。もう１つのやり方は、イメージを安定させる双眼鏡を使うことである。多くの観測者は、イメージを安定させるキャノン18×50モデルを使って良い結果を得ているようだ。

なお、この日の水星太陽前面通過は、次の動画を見てほしい。太陽の前面をどのように通過したかがよくわかるだろう。

https://www.youtube.com/watch?v=31HAFceuvb0&t=53s

次回の水星太陽前面通過は、2032年11月13日で、その全貌を見られるのはアフリカ、ヨーロッパ、それにインドだけである。北アメリカから、次に見られる水星太陽前面通過は、2049年５月７日である。

ジュゼッペ・ベピ・コロンボ（1920〜1984）

火と氷の両方をもつ世界である水星は、科学者を興奮させ当惑させている。ベピコロンボ探査機は、このミステリーの多い世界の意味を理解することを目的としている。

ミッション名は、イタリア人科学者、数学者、そして技術者であったジュゼッペ・ベピ・コロンボからとっていて、彼は、地球から金星を経由して水星まで探査機を送り込む方法を考案した人でもあった。科学者はすでに、惑星の重力場は通過する探査機の軌道を曲げ、もう１つの天体に接近飛行できるようにすることを知っていた。1970年代初頭、コロンボは、もし探査機が水星に接近飛行したならば、その探査機は、水星の公転周期のほぼ２倍の公転周期で水星の周回軌道に入ることを示した。彼は正確な照準となる天体への接近飛行は、経済的な２度目の接近飛行を可能にすると提案した。

NASA はそのアイデアを確認し、そのアイデアを使ってマリナー10号探査機が水星周回軌道を３回廻るようにした。その探査機は、1974年３月、1974年９月、そして1975年３月、水星に接近飛行した。そのとき撮った写真が、人類に最初の水星のクローズアップの眺めを提供し、それが１世代の間、我々が見た最後の画像になった。残念ながら、マリナー10号は、水星の公転軌道パラメーターの中の奇癖のために、ほんの部分的な画像をもたらしただけだった。

コロンボが最初に記述したように、水星の１日は、水星の１年の長さの２倍の間続く。昼間と夜はそれぞれ、１水星年続くことになる。だから、176日ごとに新しい日の出を迎える。それは、マリナー10号接近飛行の６カ月間隔と同じである。だから太陽は、３回の接近飛行の間中、同じ半球に輝いていた。そしてその探査機は、水星表面の約45%だけの地図を作成できただけだった。

奇妙な古い世界

マリナー10号は、ゴツゴツした高地の古い地形と平坦な低地を見せてくれた。それは月世界を連想させるものだった。しかし、類似点はうわべにもなかった。水星のクレーターは、月のものとは顕著な違いがある。何故なら、隕石衝突時の噴出物が、小さい地域を覆っているからである。それは、水星は月よりはるかに大きくて強い重力があるからだ。高地の地域は、クレーターが多くない。その代わり、その地域は、クレーターの間に平地が混在している。クレーター間の平地は、岩石でできた惑星上で、今までに確認された最も古い地表の１つである。

その平地は、約41億年前の後期重爆撃期の始め頃に造られた。それは、太陽系誕生時からの残留物が、できたての惑星上に雨のように降ってきたときだった。そのとき、水星はほんの２億歳から３億歳の頃で、その平地は古いクレーターを消し去り、幾つかの大きな海盆を埋め、そして、今日見られる多くの穴と窪地を掘り起こした。その平地は、高地を覆う峰とその集まりの中にできた二次的なクレーターのグループを増やした。

対照的に散在するクレーターのある低地は、約38億年前の後期重爆撃期の終わり頃形成された。マリナー10号のデータは、低地は火山活動か、あるいは大きな隕石衝突跡の表面上に噴き上がった溶解した物質のいずれかからできたことを示した。その探査機は、溶岩流、火山ドーム、あるいは火山円錐丘のような火山活動の明らかな痕跡は発見しなかったが、強い付随的な証拠は見つけた。

マリナー10号の後継者、NASAメッセンジャー探査機がその証明を与えた。2008年１月の最初の接近飛行のとき、メッセンジャー探査機は、巨大なカロリス海盆内に、峰と溝の破砕された地域を発見した。その探査機は、水星周回軌道をさらに２回、2008年10月と2009年９月に飛び続け、その後、2011年３月に、４年間の水星公転軌道に入った。その軌道上からメッセンジャー探査機は、少なくとも９つの重なった火口を発見した。それは、カロリス海盆の南西の縁付近で、8 km 幅をもち、10億歳くらいである。水星上の他の場所で、その探査機は、50以上の古い火砕流跡を見つけた。火砕流は、高温の岩石とガスの強烈な噴出である。それらは主に、隕石衝突跡クレーター内の低い背丈の楯状火山まで遡るようだ。

カロリス海盆自体は、水星の初期の頃の荒れ狂った時代の印象的な名残である。マリナー10号の訪問時、太陽はカロリス海盆の半分だけを照らしていた。だからメッセンジャー探査機には、残り半分を明らかにする仕事が残されていた。カロリス海盆は1,550 km 幅で、太陽系において一番大きな隕石衝突跡に入る。そしてそれは、周囲より 2 km 高い堅固な山脈によって周囲を囲まれている。その壁を越えたところに、隕石衝突跡の噴出物が、1,000 km 以上の曲がりくねった峰と溝の中に放射状に投げ出された。カロリス海盆を形成した隕石衝突は、惑星全体にダメージを与え、強い地震波が水星内部を鼓動し、水星の隕石衝突場所の反対側表面に強い衝撃を与えた。その結果、ごたまぜの岩石、丘、そして溝の地域を残し、そこを幾人かの科学者は、奇妙な地形と呼んだ。

カロリス海盆の巨大な規模にもかかわらず、水星自体は比較的小さくて、直径が4,876 km である。その小さいサイズと高温が、20世紀の天文学者に、水星は大気を保持できないだろうと推測させた。しかし、水星は驚きの連続である。マリナー10号が、外気圏として知られている弱く結合した原子の薄い層を発見した。ただし、それは地球の海面上の大気圧の 1 兆分の 1 以下という弱い表面圧力である。外気圏は、太陽風から捕獲した水素とヘリウムの原子を含んでいる。太陽風は、太陽から放射されている荷電粒子の流れである。外気圏はまた、微小隕石の衝突によって表面から浮き上がった酸素原子も含んでいる。分光器を用いた観測によると、ソディウム、カリウム、マグネシウム、それに珪素も外気圏に含まれている。カロリス海盆とその奇妙な地形は、ソディウムとカリウムの鍵になる源のようである。隕石の衝突が、地下からガスを噴出できることを示している。

太陽はまた、水星のもう１つの特有な特徴を援助している。水星は薄い彗星の尾のような尾を持っている。水星の弱々しい大気はソディウムを含んでいる。それは太陽光に当たると輝く。さらに小さい惑星は、大きな重力を持たない。月の重力の約２倍である。これは、太陽光の水星に当たる圧力が、ソディウム分子を束縛できないことを意味する。だからそれらを惑星の風下に追いやって、弱く輝く尾を形成する。

謎

さらに深く掘り下げると、水星内部は多くの謎を残している。マリナー10号の到着前、水星は固有の磁場を生成しない固体の内部をもっていると科学者は考えていた。しかし科学者は、水星は過度に高密度であることに気づいた。全般的にみて、水星の平均密度は、水の密度の5.4倍で、もっと大きな惑星である地球と金星に近い。地球は水の5.5倍で、金星は5.2倍である。しかし、これらの水星より大きい惑星の重力は、はるかに高い密度まで内部を押しつぶしている。

水星の高密度を説明できるただ１つの合理的な方法は、重い元素の存在、つまり全体の約70％が鉄とニッケルで、それらの大部分が水星の巨大な核に集中していることである。この事実が、水星を太陽系で最も鉄の豊富な惑星にしている。科学者は、1.6 km の高さまで達し、数百キロメートル続いている曲がりくねった絶壁は、内部が冷えて収縮したとき表面が捻じ曲げられて形成されたと考えている。この収縮にもかかわらず、メッセンジャー探査機は、水星の核は、その表面までの400 km のところまで延びていることを発見した。

科学者はまた、マリナー10号が水星の周りに太陽風を弱く反らせる小さい磁気圏と共に、磁場を発見したことに驚かされた。固体でゆっくり自転する惑星は、固有の磁場をつくりだすために必要な、強い内部のダイナモを生成できないはずである。その固有の磁場は、地球磁場の強さのほんの１％ではあるけれど。メッセンジャー探査機は、その磁場は、水星の半径の20％まで自転軸に沿ったところから外れていることを示した。これは、水星は固体の内部核を取り囲む部分的に溶解した外部核を持っていることを暗示している。

科学者は依然として、何がその核を導電性のある半流動体に保っているのかがわからないという。それは、水星が誕生したとき持っていた、放射性元素のゆっくりとした崩壊であるかもしれない。水星が楕円軌道を動くとき、水星表面を盛り上がらせる太陽の重力が、水星内部を撓曲させてダイナモの役割を果たしている可能性もあると考えられる。

この内部の熱と上空から照りつける太陽にもかかわらず、水星は氷のある世界であるようだ。1990年代、地球上からのレーダー観測から、水星の北極と南極の6.5°以内に多くの光輝な場所を発見した。多くの科学者は、温度が−225℃まで下がる、永久に陰になっているクレーターの底の氷の堆積物に対する証拠として、これらの発見物を理解した。2012年12月、メッセンジャー探査機は、極近くで１兆トンに上る水の氷を確認した。それは４kmの深さの凍ったブロックの中に、ワシントンD.C.を入れられるほどの容積である。

ベピコロンボ探査機の仕事

マリナー10号とメッセンジャー探査機の未曾有の発見にもかかわらず、科学者は、依然としてこの謎の多い惑星について多くの問題を抱えている。そこに、ベピコロンボ探査機が登場した。ESAは当初、Mercury Planetary Orbiter（MPO：水星周回機）、Mercury Magnetospheric Orbiter（MMO：水星磁気圏周回機）、それにMercury Surface Element（MSE：水星表面元素）の３機をこの野心的な投機に使う構想だった。MPOとMMOは、二頭立ての馬車のように機能して、上空から水星のミステリーを解き明かし、MSEは表面を探査する予定だった。ESAはMSEを昼と夜の境目に着陸させて、その厳しい環境で約１週間作動させる計画でいた。しかし、残念なことに予算事情から、2003年11月にその着陸機をESAは諦めた。

ESAは1,150 kg MPOの開発を導いた。この探査機によって、水星の地質学、基本構成物質、そして表面の年齢を地図上に表す。さらに、鍵になる岩石形成鉱物を確認し、惑星規模の表面温度を計測し、そして水星の起源と進化について調査する。また、高緯度における補足的な氷の堆積物と他の揮発性物質を探査するとともに、火山活動の役割を見極める。

水星表面での探査の他に、水星の外気圏の構成物質、構造、そして形成を解析し、風化する水星表面で太陽風の役割を調査する。

MPO は、本質的な問題にもチャレンジする調査を行う。何故、水星がそれほど多くの鉄を保有しているのか、そして鉄が水星進化史において、何を明示するのか、という大きな問題を理解する手助けになることも期待されている。水星内部に潜むダイナモに対する手がかりとして、磁場を調査する。

このミッションは、国際協力が骨格である。それには宇宙航空研究開発機構（JAXA）が、そのプロジェクトに加わっている。JAXA は 285 kg の MMO を開発した。この年の前年、その機構は探査機名を「みお」に変更した。それは、日本語の「澪」で「澪筋」を意味する。

みおは、水星外気圏のソディウムの起源と広がりを調査し、水星周辺の宇宙の塵と共に、それが水星表面をどのように風化させるかを探査する。さらに、水星の磁場と、太陽風の中の粒子と、水星から来る粒子との相互作用を詳しく調べ、水星の電磁気圏と共にオーロラと放射ベルトの証拠を調査する。

水星までの飛行

その前のマリナー10号やメッセンジャー探査機のように、ベピコロンボ探査機は回り道をして水星に到達する予定である。その探査機は、2018年10月19日に、巨大なアリアン５ロケットの上に乗って、フランス領ギアナのコウロウから打ち上げられた。その打ち上げ日は、６週間の打ち上げ可能時間帯の最初に当たる。それは、地球脱出速度より速い時速12,510 kmで出発する。この速度は、太陽の強力な重力場の中へ、直接進む探査機に対して問題がある。実際、水星まで行くために必要なエネルギーは、冥王星に達し、太陽系を離れるよりも大きい。さらに水星の公転速度時速170,500 kmは、地球の公転速度よりも60％速い。従って、かなりの速度変化とそれに伴う高い燃料消費を必要とする。

これらの障害を乗り越えるために、ベピコロンボ探査機は、最初に地球と同じような公転軌道に入る。それには、高推進力で低い推進キセノンイオンエンジンを使って、ゆっくり太陽からの重力に対して減速させ、水星の公転軌道平面に調整する。

その探査機は、１回半の太陽の周りの公転を行い、2020年４月重力アシストを受けるために地球に戻る。これが、2020年10月と2021年８月に金星とランデブーするように、その探査機を推進させる。その結果、ベピコロンボ探査機を水星とほとんど同じ距離まで近日点を減少させる。重力場の天才的な使用は、探査機からの推進をほとんど要求しない。

2021年10月から2025年１月までの間の６回の水星接近飛行

は、ベピコロンボ探査機の太陽系内部への軌道を、水星軌道にほとんどマッチするまでスローにする。最終的に、2025年12月、水星はその探査機を弱く極を回る軌道に捉える。その軌道では、水星表面まで675 kmのところまで来て、水星表面から178,000 kmのところまでスイングする。このいわゆる弱い安定性境界テクニックが、普通の惑星への接近と比較して柔軟性を増す。普通の接近では、1つのエンジンの噴射によって、探査機を軌道に入れる。ベピコロンボ探査機の化学推進機は、その軌道を徐々に安定させて、890億 km飛んだ後、そのミッションが開始される予定である。

なお、ベピコロンボ探査機は、2021年10月に1回目、そして2023年6月に2回目の水星接近飛行を行った。

水星の統計値

質量：0.055地球質量
直径：4,876km
太陽からの距離：0.39 au（1 auは太陽と地球の間の平均距離）
平均表面気温：430℃（昼間）、−180℃（夜）
自転周期：58.8地球日
公転周期：88地球日
衛星：なし

第5章　金　　星

夜明け、あるいは夕方の空に、金星は宇宙船が浮かんでいるように見える。UFOだと言って慌てた大統領がいたという話も聞いている。このように見えるので、ローマ人が金星を愛と美の神の名前をとって「ヴィーナス」と呼んだことは納得できる。日本では何故か「金星」と呼ばれている。私にはその理由はわからない。

観測史

金星について、多くの古代の観測があった。アンミ・サドゥカ（古代メソポタミアの都市国家・バビロン第1王朝の王）の金星タブレットは、紀元前1581年頃のバビロニア石タブレットである。ここにバビロニア人が、金星が明け方と夕暮れ時に輝いたときの観測について楔形文字で書かれている。バビロニア人は、その明け方の星と夕暮れ時の星が、実際は同じであることに気づいていた。

ローマ人とギリシャ人も美の神を金星に関連させていた。古代アボリジニーは、金星は死者の霊と連絡をとる中で重要な役割を果たしたと考えた。アズテック人とマヤ人もまた、夜空の金星を観測した。実際、彼らは月と太陽に加えて、金星の動きを基礎にした入り組んだカレンダーを創った。

望遠鏡時代に入り、光輝なビーコンである金星は、初期の望遠鏡を使った観測者にとって良いターゲットになった。その初期の望遠鏡による観測者の1人が、ガリレオだった。1610年12月11日、ガリレオは望遠鏡を金星に向けた。その望遠鏡は非常に小さくて、今日のファインダーくらいのパワーだった。しかし、それでも歴史を変えるには十分だった。ガリレオは、月の相のように金星の球体が相を見せていることに気づいた。そのことに対するただ1つの説明は、金星は太陽の周りを公転していて、プトレマイオスの天動説が提案したように、地球を公転していないことだった。

1639年までに、太陽系のプトレマイオス天動説に決着がつけられた。そして、水星と金星の両方は、太陽前面通過として知られているような、太陽の前を横切ることがわかった。これらは、ケプラーとニュートンによって考案された、新しい数学的天文学の初期の時代だった。惑星の位置を計算することに長い時間がかかった。さらに、彼らが使えるデータは限られていた。ケプラーの計算による多くの事象の予想は外れていた。これがはっきりしたのは、2人の17世紀英国人天文学者ジェレマイア・ホロックスとウィリアム・クラブツリーのお陰だった。

ホロックスは時計屋の息子で、余暇に数学と天文学を勉強した。ケンブリッジ大学エマニュエル・カレッジに進むが、1635年に大学を辞めて牧師になった。ケンブリッジ大学時代、図書館でケプラーやブラーへの著書に親しんだ。一方、クラブツリーもまた、現在のマンチェスターの一部であるブロートンのアマチュア天文学者で数学者だった。そしてホロックスとクラブツリーは、当時の天文学の問題に取り組んだ。

1639年10月、ホロックスは印象的な発見をした。全ての計算を手計算で行ったので印象的だった。彼は金星太陽前面通過がペアで起こり、そのペアの間が、８年であることを発見していた。それには、ケプラーも気づいていなかった。前回の金星太陽前面通過は８年前だったので、次はすぐであることにホロックスは気づいた。ホロックスはクラブツリーに手紙を書いて、２人は自宅からその金星太陽前面通過を観測する計画を立てた。

ホロックスは、太陽を白紙上に投影して、その金星太陽前面通過を観測した。一方、クラブツリーは運悪く、彼の居場所の天気が悪かったが、彼は多くの観測結果を得て、金星の直径の推定を行うことができた。

望遠鏡の普及で、月や他の天体の秘密が明らかになった。しかし、金星は御し難い天体として残った。火星上にあるような目立った黒い表面のマークがない。明るい区画がフランセスコ・ビアンチンの1726年と1727年の観測で表面に見られた。彼は多くの暗い筋と特徴を金星表面に発見し、自信を持ってそれらの地図を作った。しかし、その特徴は大部分が想像上のもので、望遠鏡によって引き起こされたことは間違いなかった。

1788年までに、ヨハン・ヒエロニマス・シュレーターが、ニュートンの発明した望遠鏡を使って金星を観測した。我々が、今日金星上に見る多くの実際の特徴が記録された。シュレーターは、４日間のローテーションで変化するわかりにくい雲のパターンと、極の先端の拡大を観測した。極の先端の拡大は、光の散乱であると正確な説明を付けていた。さらに、彼はもう１つの現象に困惑した。それは、金星を宵の明星として観測した時は、予想された欠け方より少なく、明けの明星になった時は、その逆で、予想された欠け方より多くなる現象である。これは、厚い金星大気によって散乱された光が、原因であり、現在、この現象を「シュレーター効果」と呼んでいる。

半月の時、月を双眼鏡か小さい望遠鏡で見ると、ターミネーターのところがスムーズでないことがわかる。ターミネーターとは、昼の部分と夜の部分を分けるラインである。ターミネーターはむしろ、山脈やクレーターがあるのでちょっとギザギザに見える。暗いところでは、キラキラする光の光輝な玉のようなものが見える。これらは、太陽光を受けた高い山の頂である。1789年12月28日の夜、金星は、月に例えると半月の形で見えた。シュレーターは金星を詳しく調べると、２つの異常に気づいた。１つ目は、ターミネーターが真っ直ぐな線ではないことで、それはむしろ不規則な線だった。２つ目は、奇妙なことに、何故か、南極の先端がシャープでないように見え、近くの光の小さい点が不気味に光っていることだった。彼は同様の現象を1790年と1791年の観測で見つけた。そして次のように考えた。この観測に対する妥当な説明は、金星上の巨大な山脈の存在である。金星の「ヒマラヤ」は雲を突き抜け、暗く高いに違いないという結論に達した。

シュレーターは、この観測について論文を書いたが、他の天文学者は、そのような観測ができず、疑問を残した。シュレーターの望遠鏡に問題があったと考えるのは容易であるが、光輝な光の観測は、多くの観測者が確認していて、その謎は20世紀まで疑問が続いた。また、極の先端がシャープでないことは、多くの観測者が確認している。

アシェン光

金星には、もう1つのユニークな謎があって、現在も依然として論争中である。その謎は「アシェン光」と呼ばれている光の原因である。

数世紀間、多くの観測者が、金星の暗いサイドにぼんやりした輝きが見えることを報告してきた。いつもその輝きは灰色がかった緑色で、小さい地域か、あるいは金星の夜の部分全部に見られる。この現象はアシェン光として知られるようになった。1643年、ヨハネス・リッシオリによって最初に報告された。そして、多くの熟練した観測者が、数世紀間それを見たと報告した。最近では2010年である。アシェン光を見るためには、金星の相が小さいときでなければならない。それは、金星が大きくて地平線近くにあって、薄い三日月形の金星からの眩しい光が、圧倒しているときである。幾人かの観測者は、金星の暗い部分を残して明るい三日月形をブロックする、遮蔽棒をつけた特別な接眼レンズを使う。

その光が実際のものならば、何が原因か。高温の表面だから、赤外線放射が考えられるが、それは人間の目に見える範囲を遥かに超えているので、その可能性はない。別の考え方は、素早い雷のバーストが、その大気の一部をイオン化し、それを輝かせると提案している。他の考え方には、地球上の動揺した大気を通して見られた、光輝な三日月形によって引き起こされた幻覚であるという。理由が何であろうと、金星の相が小さいとき、目を光らせてほしい。

太陽前面通過

惑星の公転軌道が、完全に並んでいるならば、金星は18カ月毎に約1回地球と太陽の間を通過するとき、太陽、金星、地球が一直線に並ぶ。しかし、太陽系惑星の軌道は完全であることからはほど遠い。惑星の軌道は、全てお互いにわずかに傾いている。金星軌道は、地球軌道と比較して3.4°くらい傾いている。その結果、我々の視点から見ると、金星はいつも、太陽のちょっと上か、ちょっと下を通過している。

地球と金星の軌道平面を考えてみよう。3次元空間でそれらは交差している。その交差する部分は直線になる。これを「交点線」という。そして、その傾きの角度が3.4°くらいである。地球は年に2回、6月5日と12月8日に交点線を横切る。この2日の1日、あるいはもう少し後に金星が内合に到達すると、金星太陽前面通過が起こる。

ここで少し天文学の基本用語について復習しよう。「内合」とは、内惑星が太陽と地球の間にあるときの「合」をいう。太陽と惑星の黄経が等しくなる時刻、及び現象を「合」という。「黄経」とは、天球上の一点（目標天体の位置）から黄道（太陽が通る軌道）に下ろした垂線の足と春分点との角距離を言う。春分点より東へプラスで測り、黄緯と合わせて天球の黄道座標を形成する。

だから、太陽前面通過は非常に稀な現象になる。

もちろん稀な現象でも時々起こる。ヨハネス・ケプラーが1627年に予想した、1631年の金星太陽前面通過は正確であったが、その現象は、ヨーロッパでは夜に起こった。だから金星は地平線の下にいて、ヨーロッパでは誰も観測できなかった。ケプラーはまた、８年後の1639年に金星太陽前面通過が起こると予想したが、彼の計算した軌道が全く正しくなかったので、この現象は起こらなかった。金星太陽前面通過の観測から、軌道が精査されて、前面通過の正確な流れが予想できた。８年の隔たりはむしろ幸運で、次の前面通過は122年後の1761年までないことがわかった。

我々は１世紀に約２回、金星太陽前面通過が起こることを知っている。公転軌道の特有な並びが、８年の隔たりを持った２回になった。それらは1631年と1639年だった。しかし、その次の２回のセットは、100年以上離れている。だから、人類はほんの７回、金星太陽前面通過を観測しただけだった。最初の観測が1639年で、２回のセットは1761年と1769年、次の２回が1874年と1882年、そして最も最近は、2004年と2012年だった。次の金星太陽前面通過は2117年までない。それは子孫が観測することになるだろう。

金星太陽前面通過が、17世紀まで観測されなかった理由は、望遠鏡がなかったからである。望遠鏡を使うと容易に見ることができる。太陽は観測するのは困難で危険も伴う。一方、金星は太陽と比較すると非常に小さい。地球から見ると、金星は太陽直径の30分の1近くであるので、そのシルエットも非常に小さい。さらに、金星太陽前面通過は、皆既日食ほど荘厳ではない。しかし、数世紀間、科学的価値はあった。

ここで、2012年6月5日に見られた金星太陽前面通過について詳しく見てみよう。このとき、金星幅は57.8″で、これは太陽の幅31.5′のほぼ3％だった。肉眼では、はっきりとしている小さい黒い点で、太陽ディスクの北半分のところを横切った。その様子は次の動画で見ることができる。

https://www.exploratorium.edu/venus/

この日、金星は、万国標準時午後10時10分に太陽前面通過を始めた。つまりファーストコンタクトがあった。しかし、専門的に言うと、ファーストコンタクト時は金星が正確に見えない。水素α太陽フィルターを使うと、ファーストコンタクトの前の金星を確認できる。このフィルターが太陽の彩層を見せて、太陽面に投影された金星の黒いディスクが明らかになる。

ファーストコンタクトの約18分後、万国標準時午後10時28分に、金星の全ディスクが太陽ディスクに出現する、セカンドコンタクトになる。このセカンドコンタクトの観測は、思った以上に困難である。金星が太陽の縁の内部にあるとき、金星のディスクは、雨滴の形状に歪められる。

次の約6時間、金星の黒い円盤がゆっくり光輝な太陽ディスクを横切る。真ん中に一番近い通過は、万国標準時６月６日午前１時30分に起こった。そのとき、金星は太陽の中心に一番近いところにいた。ここでは、太陽中心から9′24″離れていた。万国標準時午後４時32分、金星は太陽の右側の端に触れるサードコンタクトになり、約18分後のフォースコンタクトで、この太陽前面通過は終了した。

拙書『地球の影』の表紙は、この2012年６月５日に起こった金星太陽前面通過の写真である。明るい球面が太陽で、右上１時のところに金星の影が見える。第二の地球が、母星の前面を通過したときこのように観測され、この影を調べれば、第二の地球がわかるとケプラーは考えた。それを強調したかったため、この写真を使わせてもらった。

米ソの探査機による調査競争

最初の金星探査機は、ソ連のヴェネラ１号で、1961年の早い時期に打ち上げられた。ミッションの成功までには時間がかかり、ソ連とアメリカの両方が失敗を繰り返した。1962年、アメリカのマリナー２号が、最初の成功裏に機能した惑星間ミッションになった。マリナー２号は、金星表面温度が425℃であることを計測し、金星が生命体を持つかもしれないという推測に終止符を打った。

1966年、ソ連のヴェネラ３号が、別の惑星の大気内に入り、表面に衝突した最初の探査機になった。１年後、ヴェネラ４号が、マリナー２号の結果より高温である金星表面の計測を行った。そして、金星大気は、90％から95％が二酸化炭素でできていることを示した。1969年、ヴェネラ５号と６号が、金星大気の奥深くまで突き進み、さらに多くのデータを収集した。それらの探査機は、金星の非常に高い気圧で潰された。

1970年代、ソ連とアメリカの両国は、重要な協力期間もあって、引き続き意欲的な金星探査を行った。ソ連は、1970年にヴェネラ７号を着陸させデータを送り返すことを計画した。着陸時、パラシュートが多分引き裂かれ、なんとか着陸したけれど、約23分間温度データを送り返すことができただけだった。1974年、マリナー10号が金星まで5,790 km という距離まで接近し、その接近飛行の間に、4,000枚以上の画像を撮った。1975年、ヴェネラ９号と10号は、金星表面の画像を撮った最初の探査機になった。

アメリカのパイオニア金星ミッションは1978年だった。それは２機の探査機から成り、周回機は13年間金星を探査し、もう１機の探査機は金星大気に突入し、大気を詳しく調査した。ソ連のプログラムもフル回転で継続した。ヴェネラ11号と12号はそこそこの結果を残し、ヴェネラ13号と14号からはさらに印象的な科学的結果を得た。ヴェネラ13号と14号は着陸機で、1982年に金星表面のカラー画像を撮った。２機の最後のヴェネラ探査機、15号と16号は1983年に金星を周回して、金星表面のレーダーによる地図を作成した。1980年代は、もう１つの強烈な金星研究合戦があった。ハレー彗星を調査するために造られた探査機べガ１号と２号は、ハレー彗星に行く前に、搭載していた着陸機を金星上に着陸させ、また金星大気にバルーンパッケージを投下した。そのバルーンは2日間金星大気の状態を調査した。べガ2号の着陸機は、もっと多くの仕事をして、56分間データを送り続け、バルーン実験も機能した。

不思議な新しい地表

マゼラン探査機は、1989年にアメリカによって打ち上げられた。このミッションは、1990年に始まって4年間続いた。マゼラン探査機による金星全体の地図が完成したとき、大きな驚きがきた。それは、金星は、ほとんど隕石衝突跡クレーターがないということだった。これは内部太陽系の岩石でできた惑星には、極めて奇妙な結果である。約40億年前の後期重爆撃期には、無数の微惑星や小さい天体が、金星付近には飛び交っていた。それらが太陽系内惑星に衝突し、太陽系内惑星はさらに大きな天体に成長し、同時に大被害を与えていたはずである。この状態の歴とした証拠は、例えば、月や水星を見ればわかる。地球は、多くの表面を塗り替えるメカニズムがあって、それらのクレーターを消し去った。しかし、金星はどうか？金星のような惑星が、どのようにして隕石衝突跡クレーターを失ったのか？　これは驚くべきことであって、ほとんど何も言えないことだった。

金星は、大気と地表との間の驚くべき関係を見せている。密度の濃い二酸化炭素の多い大気、異常な高温、そして地球大気圧の90倍の大気圧の全てが、金星をユニークで地獄の世界にしている。揮発性物質でできた金星大気は、金星の過去について多くのことを物語っている。これらの揮発性物質が、金星の内部、地表、そして大気を形成していて、それらは数百万年単位で特徴を変化させている。岩石でできた惑星の進化において、惑星内部からの熱を四散させるので、対流は重要な役割を担う。

地球上の幾つかの場所において、マントル内の対流が、高温で溶解した岩石のプリュームをつくる。そのプリュームが、1つのホットスポットで地表まで上昇し続ける。ハワイ諸島がその例で、火山の側面から溶岩が流れ続けていて、地球上で一番高い幾つかの山脈を形成している。そこでのキーになる成分「水」が、これらのテクトニックプロセスが、どのように影響するかに変化を与える。地表と地下の岩石内に、少量の水があるようだ。地球上のテクトニックプロセスの多くは、水の下、あるいは水の付近で起こっていて、それらの水が溶解した岩石に混合されている。この事実が、溶解した岩石をほんの少し粘性のあるものにしている。だから流れやすく曲がりやすく、引き伸ばしや寸断が容易になる。

金星上で金星の岩石は、地球上の火山や中央海嶺に沿ったところで形成された岩石と同様の構成物質である。しかし、金星はほとんど完全に乾いた惑星であるので、水が欠けている。この事実が、金星地殻を数倍厚いものにし、はるかに硬くて強いものにしている。だから、マントルの上を動き回るプレートに分裂しにくい。動き回るプレートがないので、地球上で我々が見るテクトニック活動の大部分は、単純に金星では見られないはずである。金星上の火山は、ハワイで見られるものに似ていて、マントル内の高温プリュームの上に形成された。しかし、このように硬くて強い地殻であるので、これらの火山の大部分は、活動休止状態であるはずだ。しかし、そうではないようだ。

ESA の Venus Express（金星特急）探査機から、そのヒントを得た。この探査機は、2006年から金星周回軌道上にいて、そこから探査していた。幾つかのホットスポットの周りの地表は、考えていたより遥かに若くて、多分100万歳以下であると推定できた。これは、火山活動がそこまで続いていたことを意味する。さらに、金星特急探査機は、金星大気中に稲光を探知した。地球上で稲光は、水蒸気でできた雲の中で起こるので、金星の二酸化硫黄の雲の中では稲光は起こるはずがない。その代わり、大気の高いところの火山灰が、稲光の原因になる可能性がある。ただ、このような火山灰はまだ探知されていない。

しかし今日、我々は金星上に活火山があるかどうかわからない。そして、約５億年前何があったかを知らない。１つの可能性は、金星表面のすぐ下の状況が臨界点に達し、金星表面の至る所で溶岩が流れたことである。数千万年後、再び静かになったが、その後、金星表面の80％が塗り替えられた。もしこれが正しいならば、このような金星表面の塗り替えは、以前にもあり、未来にも起こるだろう。

もう１つの可能性は、金星のテクトニック活動の欠如が、地獄の気候と繋がっていることだ。金星の遠い過去には、現在よりはるかに多くの水があり、金星表面の川や海に流れていた。

もちろん大気中にも水蒸気はふんだんにあった。実際、金星はかつて遥かに快適で、地球のようであった。しかし、その大気が厚くなり、地表も熱くなって、海は大気中に蒸発し、金星表面を完全な乾燥状態にした。しかし、手に負えない温室効果の引き金を引いたと考えられている大気中の硫黄の起源は、金星の過去の火山噴火からきたようだ。だから、金星の遠い過去の激しい火山活動が、温室効果ガスを増やす原因になった。これが全ての水の消失に繋がり、次々に火山活動の休止を導いた。

テクトニック活動の欠如の原因が何であろうと、その欠如が、金星内部に十分なインパクトを与える。すなわち、磁場の形成である。地球では、液体の外部核内の対流と循環が地球磁場をつくっている。火山活動の形で、地殻を通る熱の流れがないと、金星核の液体層の中で対流が起こる可能性がない。だから磁場が形成されない。金星内部を探究することは、非常に難しいので、これは１つの仮説でしかない。金星内部を探究するために、地震計を金星表面に置いて、地震が惑星内部を通過する方法で内部を探究できるが、金星表面に地震計を置けたとしても、数時間くらいで計測不能になる。だから、金星内部は謎を残したままである。

紫外線による観測

金星の写真は、可視光ではほとんど何も示さなかった。そこで、フランク・エルモアー・ロスがヤーキス天文台で、火星と金星の写真をカラーフィルターを付けて撮影した。彼は、前歴から写真について、最新のテクノロジーをよく理解していた。

1927年、金星が特に見やすい状況にあったとき、ロスは、ウィルソン山の60インチ（152.4cm）と100インチ（254cm）屈折望遠鏡で、25夜金星の画像を撮った。そこで、ロスは、紫外線フィルターを使って、驚くような結果を得た。それは、金星の赤道に平行して走る「黒い帯」を示していた。この帯は、紫外線を吸収する何かを示している。

この新しいクラスの特徴に対するロスの見解は、必然的で試験的なものだった。1927年の『アストロノミカルジャーナル』に掲載した論文で、それらは、巻雲の薄い層の構造内の変化を示していると提案した。その巻雲は、密度の濃い黄色の低いところの大気に重なっていた。それは、金星表面付近というはるか下を起源にする、荒れ狂う乱流のためであることは間違いなかった。

理由が何であれ、ロスの発見した、金星上の「黒い帯」を直ちに確かめられる人はいなかった。ヴェスト・スライファーの兄弟であるアール・カール・スライファーは、次の年に紫外線で金星の写真を撮り始めたが、ロスの見地に重要なことを付け足すまでに30年を要した。それはプロの天文学者ではなく、アマチュア天文学者からだった。

1911年、フランスのトゥールーズで生まれたチャールズ・ボイヤーは、赤道直下のアフリカに長年住んだ。そこで彼は、フランス司法関係の仕事をしていた。アマチュア無線愛好家であった彼は、仲間の愛好家ヘンリー・カミチェルとコンタクトを取っていた。カミチェルは、フランスのピレネー山脈のピク・ドゥ・ミディ天文台の天文学者だった。カミチェルは、ボイヤーの駆け出しの惑星への興味の後押しをした。ボイヤーのいる場所は南緯4°だったので、金星はいつも空高くに見えた。第1級の観測ができる機会に気づいて、ボイヤーは彼自身用の10インチ（25.4cm）屈折望遠鏡を作った。彼は、カミチェルに観測プロジェクトを提案するように頼んだ。そして、ピク・ドゥ・ミディ天文台で、紫外線を使って金星の写真を撮っていたカミチェルは、ボイヤーにこの観測プロジェクトにトライすることを提案した。

1957年8月と9月、ボイヤーは観測を始めた。適当な紫外線フィルターがなかったので、ラッテン番号34の青紫色のフィルターで行った。その画像は、小さくて美学的にはアピールしなかったが、金星大気内の「黒い帯」であるようなものを記録した。その地域は、4日の間に元に戻った。カミチェルは、ボイヤーの画像と自分のものを比較した。その観測期間は1960年まで続いた。その時点で2人は、金星上部大気の4日間ローテーションは、完全に疑う余地がないと結論づけた。

しかし、その結果は依然として懐疑的だった。少なくともカール・セーガンによって。当時の惑星科学ジャーナル『イカルス』の編集委員として、セーガンは、ボイヤーとカミチェルが初期に投稿した論文を掲載しないことにした。1974年に、金星上部大気の4日間ローテーションが確認された。それはマリナー10号が、水星への飛行の途中に金星接近飛行した時、金星の雲の紫外線画像を撮ってわかった。

その時までに、レーダーを使った天文学者が、金星の固体の部分の自転は非常に遅く、逆方向で243日の自転周期であることを発見した。これは金星の大気が、スーパーローテーションしていることを意味する。それは表面より60倍速くスピンしている。しかし、金星大気がどのように表面との摩擦を乗り越えているのか、そしてそれが、それほど速くスピンするだけ多くの角運動量をどのように獲得するのか。長い間これは完全な謎だった。しかし、最近の探査機による観測から、金星大気の太陽による、周期的な加熱からくる熱的潮汐力が、過剰の角運動量の根源であることがわかった。

未解決で残っているもう１つの謎は、写真の中に見られる「黒い帯」に関係する紫外線吸収物の正体である。その黒い帯に、視覚的な観測者に時々見られる星雲のような影が対応している。

紫外線吸収の謎

金星を素早く巡回する「黒い帯」に関係するものは何か。我々は未だに知らない。紫外線吸収物の正体は、ロスの写真の後、ほぼ１世紀未解決問題として残っている。これが、金星の大きな謎の１つである。

我々が知っていることは、次のようなことである。何がそのような吸収を行っていようと、それは厚い硫酸飛沫の雲の層の中にいる。その層は、高度48kmから70kmまでを占めている。その層の一番下の部分では、温度は約110℃で、気圧は地球の海面付近の約２倍である。その層の一番上の部分では、温度が45℃で、気圧が地球の海面付近のちょうど4％である。科学者は、その雲の一番上の部分に幾つかの化合物を確認した。硫黄を含んだ種の中で、酸化二硫黄（S_2O）と二酸化二硫黄（S_2O_2）は、吸収スペクトルにベストフィットする。しかし、金星に疑う余地はなく、紫外線吸収物を確認するまでには、非常に遠い道が待っている。金星大気の雲の層の、光化学的モデルを打ち立てた最初の人は、『イカルス』に掲載された2021年の論文で、「金星大気内の紫外線吸収物の性質について一般的な同意事項はない。従って、これは惑星大気学の最も興味をそそるオープンプロブレムの1つとして残っている」と結論付けた。さらに紫外線吸収物が何であれ、我々の観測範囲を超えた、金星大気の低い層内に、それがあるかどうかもはっきりしないこととして残っている。

そこには、もう1つさらに興味をひく可能性がある。何かの種類の微生物が、金星大気の雲内に生きて浮かんでいるという可能性だ。1967年まで戻ると、ソ連のヴェネラ4号探査機が、金星大気を初めて探究したとき、カール・セーガンとハワード・モロヴィッツが、雲の中に住む金星微生物の考え方を出した。もちろん彼らは、金星表面上の生命体は、生存は不可能であることは知っていた。金星のほぼ純粋な二酸化炭素大気の表面気圧は、地球の約90倍に達する。これは、約900mの深海の圧力である。さらに暴走温室効果によって、表面温度は470℃に達している。熱を好む地球上の好熱微生物でも、この条件では生存できない。幾種類かの好熱微生物は、水の沸点より高温の113℃で繁殖することができるが、このように温度が上昇すると、その微生物をつくっている生体分子が瞬時に分解する。だから、現在の我々が持つ生命体の理解を基礎にすると、金星表面は完全に不毛地帯であるに違いない。

しかし、遠い過去のある時点では、かつて生命生存可能な地上に起源を持った微生物が、さらに気温の低い雲の中に逃げ込んで、そこで生存し続けたとも考えられる。このむしろ投機的なアイデアを歓迎する少人数の科学者グループがいた。1975年、近紫外線光で見たときの金星の雲内の反射の減少が示された。それはその雲が、硫黄元素と硫酸の粒子を含むかどうかを説明した。その後、1975年『ジャーナルオブアトモスフェリックサイエンス』に掲載された論文は、酸素を嫌う地球上の生物体の多くの例が知られていて、その中に硫黄の酸化等が代謝の中でエネルギーの重要な根源になることを指摘せざるを得なかったと結論付けた。

ボイヤーは、金星の上部の雲の自転について、彼の研修を終えて約30年後の1986年、フランスの『ジャーナルオブアストロノミー』に、金星の雲の「黒い帯」は、光合成をする生物体の大きなシーツのようなものでできているようだと提案した。このようなシーツは、地球の海中の富栄養化のような振る舞いをして、十分な栄養分が減少するまでサイズが増し、その後、死に絶えるようだ。全ては、地球日の2、3日内に起こる。2年前、ある惑星科学者は、光合成の色素は、まだ知られていない紫外線吸収物かもしれないと推測した。2000年代初頭、このような金星の生物体は、イエローストーンの温泉や深海の熱水噴出口付近で発見される生物体のような、耐熱で硫黄を基にした古細菌の可能性があると提案された。しかし、これには賛否両論ある。

金星の雲の中に微生物が生存しているという理論には、まだ克服しなければいけない多くの困難がある。金星で発展したこのような生命体に対して、金星上にかつて海があったか、あるいは少なくとも表面の湖と水たまりがあったことが必要になる。しかし、過去数億年に亘って、金星の全表面は大きな火山性の地で、同時性の火山噴火によってリフォームされてきた。したがって初期の表面は消し去られた。だから、その歴史を探究することは、非常に困難である。

金星表面は現在、ダンテの地獄であるが、過去のある時点で微生物が発生したと考えてみよう。その生命体が地球上の微生物のように、熱的な流れに乗ってヒッチハイクし、進化して極めて高いところで生き残れたか。これをする地球的類似物はない。地球上の浮かんでいる微生物は、数日間しか大気中に留まれないけれど、それらは繁殖するために降りてこないといけない。しかし多分、金星上の微生物は、大気内の変化する環境とともに進化した。『ジュラシック・パーク』の中でイアン・マルコムは「生命体は生きる道を見つける」と言っている。

金星大気の極端な酸性は、生命体にとってもう1つの問題である。地球上での極端な環境の中でも、生き延びる幾つかの古細菌がいるという事実にもかかわらず。地球上ではpHが1付近で、金星の上部の雲の酸性と同様である。もし金星微生物が存在すると、保護的膜組織を発達させて、厳しい高酸性環境で生き延びなければならなかっただろう。

フォスフィン：雲の中に生命体がいるのか？

また金星の雲内の、フォスフィンの探知という最近のニュースがある。フォスフィンの探知は、科学界に大きな論戦を巻き起こした。それは、地球上では、微生物がフォスフィンを生成し、そしてフォスフィンの生成は、酸素を除去するという大気の変化を要求するからである。メタン、アンモニア、アミノ酸、そしてそのようなものの変化させる化合物は、酸化した大気中ではそれらが酸化しているので不安定である。だから金星の雲内のフォスフィンのようなガスに対して、なんとかして補充する必要がある。しかし、正確にはどのようになっているのか。1978年のパイオニア探査機による、金星中高度の雲の層に対して得られたデータを最近再度解析した。そこで、考えられるフォスフィンの存在と変化している大気の存在に対する、一貫した幾つかの他の化合物の痕跡が、可能性大であることがわかった。そのようなフォスフィンと他の化合物を、金星の微生物は使って、代謝プロセスを維持しているようだ。一方、幾人かの科学者は、これに異議を唱えている。彼らは、金星上の火山活動、あるいは雲内の落雷がフォスフィンの過剰を説明できると議論している。

今後の探査

今のところ、金星の雲の中で正確に何が起こっているかを我々は全く知らない。しかしいずれの場合でも、生命生存の可能性は、もはや初歩的なアイデアではない。実際、NASAの計画者が最近金星への２機の探査機を是認させたこともそこに入る。Venus Emissivity, Radio Science, InSAR, Topography and Spectroscopy（VERITAS）と Deep Atmosphere Venus Investigation of Noble gases, Chemistry, and Imaging（DAVINCI）として知られたそのミッションは、2028年から2030年の間に打ち上げ予定である。前者は電波科学、金星内部の調査、地勢、そして分光器探査を目的とし、後者は金星大気内の稀なガス、化学、そして画像を撮ることが目的である。DAVINCIは、地表に向かって雲の中を降りて行くとき、金星大気内にある分子のプロフィールを集めるだろう。その中には、可能性のある紫外線吸収物も含まれる。さらに、ロシアのロスコスモスは、NASAとの協賛で2028年か2029年にヴェネラDを打ち上げる計画を持っている。2030年代には、さらに３つのミッションが考えられている。そこには、金星表面からサンプルを持ち帰る計画もある。一方、ESAはEnVisionを是認した。このミッションはVERITASと同様のもので、金星表面の地勢と構成を地図に表す予定である。地球近隣の他の惑星と比較すると、長い間無視されていたが、金星は忙しい場所になろうとしている。

最後には、これらのミッションが、金星の雲内にいる謎の紫外線吸収物の正体を突き止める可能性は大であるだろう。何が明らかにされようと、有機物であろうと無機物であろうと、それを突き止めることによって、我々はロス、ボイヤー、そして他の探究者が始めた追究の終わりに達するだろう。しかしその時でも、その奇妙な特徴は、確かに画像処理者や金星の視覚的な観測者に、これから何年もの間、望遠鏡を必要とさせることは間違いない。

金星の統計値

質量：0.815地球質量
直径：12,100 km
太陽からの距離：0.72 au（1 au は太陽と地球の間の平均距離）
平均表面気温：464℃
自転周期：243地球日（自転が逆方向）
公転周期：225地球日
衛星：なし

第6章　地　　球

その上に住んで、我々が直面するあらゆるチャレンジにもかかわらず、我々の惑星は、他に類を見ない生命体の住居である。太陽の、いわゆるゴルディロックスゾーン内に位置していて、その母星から我々が受けるエネルギーは、ちょうど良い状態である。それが、地球を十分に暖かく保っているので、液体の水が嬉しいことに地上に存在する。そしてそれはまた、十分に弱いので、海は沸騰することはない。そこには大気がある。なんとありがたいことか。この厚いが圧倒的でないガスの覆いが、我々が呼吸するために必要な酸素を供給するばかりでなく、最も恐ろしい迷い出る宇宙の岩石以外の全てから、我々を守っている。そして地球の磁場を忘れないようにしよう。固体の内部核を取り囲む、地球の液体の外部核の奥深くで生成されるこの磁場は、太陽風として知られている、太陽によって吐き出された高エネルギー粒子の絶え間のない猛襲から、我々を守っている。

しかし、地球にとって最も印象的なことは、生命体が数十億年間ここに存在したことである。そして、たとえ発見されないで残っていることは多くても、我々は地球について、多くのことを知っている。

初期の地球

地球は、非常に荒れ狂った初期の歴史を持っている。微惑星、彗星、そして小惑星が、内部太陽系にひしめいていて、初期の地球に、無数の衝突する岩石があったとき、地球は徐々に冷えて静かになっていった。初期の地球は、高温で火山が至る所で噴火して、大量の溶岩が表面を流れていたという長い間の認識とは違って、地球の初期の歴史は、低温で豊富な液体の水の海に覆われていたことを、現在多くの形跡が示している。

惑星天文学者は、41億年から38億年前にあったと考えられている、いわゆる後期重爆撃期の間、地球上の様子が、再び荒れ狂ったものになったと考えている。後期重爆撃期は、無数の小惑星や彗星が、地球上に雨のように落ちてきた時期である。これは、地球や他の惑星が出来上がってから、長い年月が流れてからだった。この後期重爆撃期の証拠を、アポロ計画で月から持ち帰った大多数の岩石が示している。この一番最初の荒れ狂った時期は、地球上に生命体の可能性はなかったようだ。

その後期重爆撃期の後、地球上の状況は一変した。そしてある日、地球上に生命体が出現した。地球の年齢は、約45億4,000万歳であると考えられている。これは、一番古い地球上と月面の岩石に加えて、隕石サンプルの放射性年代測定を基本にしている。地球上で最も古い岩石は、具体的に言うと、西オーストラリアのファックヒル地域で見つかった。その岩石を年代測定すると44億年前となった。地球上で知られている最も初期の微化石も、西オーストラリアで発見された。そこは、地球上で最古の堆積岩露出部の1つで、2011年に発見された。それらは、約34億年前のシアノバクテリアで、我々の知る最古の生命体である。球形、卵型、そして管状の形状で、1mmの100分の1の幅である。

科学者は、やっと地球上の生命出現方法の複雑性と、生命体が如何にして速く出現したかを理解し始めたところである。さらに驚くことには、科学者はまた、最近、地球上の生命体の結末について予想でき、如何にして何時、壊れやすい地球上の生命体が結末を迎えるかを予期できるようだ。

未成熟太陽時代

太陽の未成熟期は、現在の光度の3分の2しかなかった。それでも地球表面は、暖かく、十分に水を液体の状態で保ち、生命体の出現に役立った。そこに、どのようなメカニズムがあったのか。

35億年以上前、地球が高温の溶解した状態から固体の惑星に変化し、海には、シアノバクテリアだけが流浪していた。そのとき、太陽は、現在より30%輝きが少なかった。それは驚くことではない。恒星進化論によると、太陽のような恒星は、主系列に入って、水素を燃料として核融合を行っている間、約10億年ごとに、約10%ずつ、安定した光度の増加を示すことがわかっている。驚くことは、そのように弱い太陽の下でも、地球は液体の水を保持していたということである。

いろいろなことを考慮に入れると、約45億年の歴史の中で、最初の20億年間は、地球表面は氷に閉ざされていたはずである。しかし、38億年から25億年前に当たる始生代からの地質学的記録によると、液体の水と温和な状況が地球表面上に存在したという十分すぎる証拠がある。そして、原始生命体がしっかりした立場を得たようである。幾人かの研究者は、この時期の地球の海は、55℃以上の水温を保持していたと推測している。これは、現在の大気状態の下で、水の沸点までの半分の水温に当たる。

科学者は、この難問に「弱い太陽パラドックス」というラベルを付けた。しかし、「それはパラドックスではなく、誇張であり、パラドックスというレベルまではいかない謎である」と言う惑星天文学者もいる。実は1972年、コーネル大学のカール・セーガンとジョージ・ムーレンが、その問題を最初に提起した。それが何であれ、1972年以来、これが、天体物理学者と地球科学者を悩ませ、その解答をいろいろな方法で提起してきた。それらを少し考えてみよう。

太陽原因説

ある科学者は、太陽は、初期には今以上の質量をもっていて、今以上に輝いていたと言っている。一方、別の科学者は、温室効果ガスが厚い大気中に充満していたか、あるいは、雲が少なく大陸塊の欠乏からくる太陽光線の反射の弱さからきていると説明している。

ほとんどの天文学者が、太陽は基本的に今日と同じ質量で、主系列星としての進化を始めたと考えている。太陽の質量が、その進化の過程でほんのわずか変化したという考え方は、太陽風による今日の質量の消失がもとになっている。しかし、他の恒星では、このような質量の消失を計測できない。だから、このような質量消失は、進化の全過程において、わずかであると仮定できる。

幾人かの科学者は、早期の太陽質量が、現在の３％から５％多かったと仮定すると、若年時の弱い太陽問題は解消されるだろうと考えている。しかし、このような余分の質量が、今日の太陽と両立させることはむずかしい。もしそうならば、太陽の核の中に、多くのヘリウムを残すというような、何かの観測的証拠を残すだろう。

太陽質量が、形成以来一定であったとは考えていない科学者は、若年時の弱い太陽問題に対する最も可能性の高い解答は、太陽は現在よりやや大きく、光度が高い状態で誕生したと考えている。我々が今日観測している恒星は、ゆっくりとした質量消失の数十億年の結果であるようだ。

もし、太陽が形成時、現在より５％質量が多く、過去40億年間にその多かった質量をゆっくり消失したと仮定すると、今日あるのと同じ太陽構造を観測できるだろう。だから、若年時の太陽質量がどのくらいであったかに対して、少なくとも５％の変動の可能性はあったと考えられる。

地球大気説

この謎の解答は、地球に近いところにあると考えている科学者もいる。彼らは、地球の初期と現在の大気状態の著しい相違が、真相に近い解答を与えると確信している。そして、最も可能性の高い原因は、太陽の著しく減少した放射熱にもかかわらず、地球を十分に温めた温室効果ガスの混合、あるいは大気が、太陽エネルギーをさらに多く保持することに効果のある、反射の弱さであると指摘している。

多くの研究者が、次のことには同意している。二酸化炭素、メタン、エタンからなる大量のガスが、その効果を発揮するようだ。このような分子は、可視光波長の太陽光を妨げずに通過させる。このエネルギーを地表は吸収し、スペクトルの赤外線部分で再放射する。この長い波長の光をそのガスの分子が吸収し、初期の地球を十分に暖かく保った。

研究者は、温室効果として、二酸化炭素のみに注目しているようだが、メタンは、熱を保持することではより効果的で、鉱物の結晶内にある液体に影響する。35億年前のオーストラリアの岩石に、それが見られるようだ。また、別の分子が、重要な役割を果たしたと推測している科学者もいる。その科学者は、次のように主張している。カルボニル硫化物は、地球を温暖に保つための、二酸化炭素より、はるかに優れた温室効果ガスである。だから、カルボニル硫化物が、地球から発する赤外線放射をより強く吸収するとともに、波長の広い幅でも放射を吸収する。1つの温室効果ガス分子で解決しようとする必要はないと言う科学者もいる。

地球の雲原因説

初期と今日の地球大気の間にある2つ目に大きな相違は、雲の覆い方の変化である。多くの研究者が、大きな水滴が始生代の雲の大部分をつくっていたと考えている。そして、理論天文学者は、次のように主張している。始生代の雲は、今日の雲がするように、長く停滞することはなかった。ほとんどの雲は、太陽からの光を宇宙へ反射するため、雲が地表を覆うことが比較的少なかったということが、地球の太陽光反射を弱め、地球を温暖に保たせた。

大きな水滴は、主に大きな凝縮核による。水蒸気が凝縮するこれらの核は、ジメチル硫化物でつくられていたようである。ジメチル硫化物は、真核生物の生物学的副産物である。識別できる核と細胞の膜組織をもつ、これらの微生物は、始生代後半に出現したようである。だから、生命体の出現が、より温暖な地球に貢献したようだ。

しかしながら、生命体のような複雑なものを考えなくても、地球表面の雲の覆いを縮小することができる。45億年前に月が形成されて以来、潮汐によって引き起こされる海と地表の間の摩擦が、地球の自転速度を遅くしてきた。月の形成は、火星サイズの天体が、原始の地球に衝突してできたと考えられている。だから、始生代の1日の長さは、14時間という短さであったようだ。コンピュータシミュレーションによると、地球の自転速度が上がると、地表を覆う雲の量が低下する。

地球の自転が速いとき、太陽の自転も速かった。若い太陽のような恒星の観測から、低い光度にもかかわらず、それらの恒星は、より速く自転し、太陽よりも活動的である。活動的な太陽は、太陽風として知られている荷電粒子の強い流れを生み出すようだ。そして、これらの粒子は、宇宙線の量をどんどん減少させる。その宇宙線は、太陽系外から地球に到達する粒子である。

宇宙線の減少は、若い地球大気中のイオンの減少を意味し、その結果、地表を覆う雲の量が減少することにつながる。しかし、宇宙線と雲の減少の関係は、現代の大気中でも、論議が絶えないようだ。

大気中の窒素量説

幾人かの科学者は、始生代は、以前に考えられていた以上に大気圧が高かったと言っている。大気圧を高くした主な原因をつくったのが、大気内に最も豊富な窒素分子である。

現在、大気中の窒素の割合は、約80%である。しかし、地球の初期の大気中では、90%を窒素が占めていた。その余分の窒素のほとんどは、地殻やマントルの中へ入って行った。あるバクテリアが、この形に大気中の窒素を転化させた。この窒素は、有機物質の中へ組み込まれ、それが埋まって、最終的にマントルへ達したようであると考える研究者もいる。

窒素は、温室効果ガスではないけれど、大気中の窒素量が増加すると、大気圧を増加させ、地球の表面から放射された熱を吸収し、さらに効果的な温室効果ガスを生じさせる。大気圧が増加すると、原子間の衝突がより活発になり、水素分子が温室効果ガスとして働くようになり、その結果、二酸化炭素による温室効果を増強すると議論する研究者もいる。

難問を解く方法

弱い太陽についての難問に対する最終的な解答は、今しばらく待たなければならないようだ。天文学者は、まず、次のことをしなければならない。若い太陽について知っていることと、恒星がその幼少期にどのくらい速く質量を失うかを比較する必要がある。それには、幼少期にある太陽タイプの恒星の正確な観測が必要である。

科学者が、過去40年間、この問題に取り組み、いろいろな理論を発展させたけれど、弱い幼少期の太陽と幼少期にあった地球との相互関係については、辻褄の合わないことが多く残っている。

生命体の出現と発展

最初は、極度に単純化した原型バクテリアとして生命体は始まったようだ。生命体の最初の15億年は、単純な原核生物以外の何者でもなかった。それらは細胞核のない原始的微生物だった。約20億年前、最初の細胞核のある微生物として原核生物が出現した。その後の広範囲な時代変遷に亘って多細胞生物が出現した。

この頃、Great Oxygenation Event（大酸化現象）が起こった。これは、シアノバクテリアが大気中の二酸化炭素を取り込んで、太陽光を使って化学反応を起こし、生存するためにエネルギーとその体をつくったシアノバクテリア光合成が原因だった。

当初、その酸素は、大気中のメタンやアンモニアや岩石中の鉄のような他の化学反応を起こした物質に吸収された。しかし、約24億年前までに、吸収された以上に多くの酸素が供給され、大酸化現象が起こった。ここで初めて、大気中に酸素が含まれるようになった。これによって、生物はもう１つのエネルギー源を進化させた。大気中から二酸化炭素を吸収して、光合成を使いエネルギーを生成し、酸素も大気中に放出する。そして、動物は植物のような二酸化炭素の豊富な物質を食べて消化し、エネルギーを創り出し、二酸化炭素を大気中に放出している。今日、地球大気は依然として窒素が豊富で、少量のアルゴンが含まれている。窒素は大気の78％で、アルゴンは0.9％である。しかし、二酸化炭素は0.04％まで下がり、酸素が21％まで上昇した。

この大酸化現象によって、次の時代に多くの他の形態をした生命体が現れ、５億年前以後に、無脊椎動物が出現した。

過去５億年の内に、地球の気候と生物の進化は大変動期を迎えた。５億4,100万年前頃に始まったカンブリア紀には、三葉虫や腕足類のような化石化した大きな多細胞生物が、初めて大量に出現した。４億8,500万年前頃に始まったオルドビス紀には、下顎のない魚（ヤツメウナギ・メクラウナギ等）を含む海洋性無脊椎動物が繁殖した。４億4,400万年前頃に始まったシルル紀には、最初の下顎のある魚や、最初の陸生の節足動物が出現した。４億1,900万年前頃に始まったデヴォン紀には、魚が多様化し、初期の両生類も現れた。３億5,900万年前頃に始まった石炭紀には、爬虫類が出現した。そして、２億9,900万年前頃に始まった二畳紀には、平凡な哺乳類のような爬虫類が現れ、両生類の絶滅があった。

三畳紀には大変動があった。それは２億5,200万年前頃であった。哺乳類型爬虫類が絶滅し、恐竜がそれに置き換わった。そして小惑星の衝突がなかったならば、恐竜は間違いなく今日まで生き延びていただろう。２億100万年前頃始まったジュラ紀には、最初の鳥が出現し、爬虫類の多様化が進んだ。１億4,500万年前頃始まった白亜紀は、温暖湿潤で、最後まで温室時代であった。その最後には、古代の鳥と爬虫類が絶滅した。

白亜紀・古第三紀隕石衝突（K-Pg隕石衝突）があって、恐竜が滅び古第三紀が終わった。それは約6,600万年前だった。それから現代の哺乳類が進化した。人類は過去500万年くらいに亘って進化し、我々に一番近い先祖は、過去200万年に亘って進化して、約20万年前に始まったホモ・サピエンスに繋がった。だから我々はここにいる。

氷河期

毎年、地球の自転軸は同じ方向を向いていて、地球軌道の離心率は一定を保っている。だから、その効果は毎年繰り返される。しかし、長い期間を考えると、地球軌道は変化する。だから、その効果の度合いも変化する。地球の自転軸は26,000年の周期で動揺する。そして自転軸の公転平面に対する傾きも23.4°といつも同じではなく、41,000年周期で21.5°と24.5°の間で揺らぐ。傾きが大きくなればなるほど、季節による変化も大きくなる。この範囲は重要であるが、どのくらい大きいかを考えるとき、実際にはむしろ制限されている。その理由は、月の重力的引っ張りが、地球の動揺を安定化して、近くて大きい月がないときよりも、自転軸をさらに安定したものにしている。これが月の性質で、我々には良いことである。地球軌道の偏心率もまた変化する。100,000年のタイムスケールで、ほとんどゼロから最高で現在値の２倍まで変化する。

1913年、セルビア人市民技術者で地球物理学者でもあったミルティン・ミランコヴィッチが、地球軌道に関する、これら３つの循環的変化を計算し、それらが地球表面上に落とす太陽光の量に、どのように影響を与えるかを計算した。その変化は、ミランコヴィッチサイクルと呼ばれている。ミランコヴィッチは、これらの効果の結合した周期を10万年とみた。

ミランコヴィッチのこの仕事は、50年間無視され続けた。科学者は、地表に落ちる太陽放射の中の、このように単純で、しかも小さい変化が、気候に影響を与える可能性があることを信じられなかった。しかし、彼の仕事は、過去20年から30年間に、気候学者によって取り上げられた。そして、ミランコヴィッチサイクルが実際に気候に影響を与える、いくつかの科学的証拠が発見された。

地球上の気温変化は、海洋沈殿物の構造と南極のアイスコアに影響を与える。沈殿物は海底に堆積し、南極大陸に降った雪は年層に落ちる。そして各層の構成物質は、それが堆積した時の温度の記録である。泥と氷のコアは、堆積物と雪の層からドリルで掘り出される。それらの層は、数キロメートルの深さである。これらのコアを探究することによって、地球物理学者は、氷河時代を見分けることができる。過去300万年間に、４万年から10万年毎に氷河が進出したり、後退したりした。ミランコヴィッチサイクルは、この周期的な現象から明らかである。ミランコヴィッチが発見したことは、米国科学アカデミーの研究委員会に、地球大気の低いところの状態変化の直接的影響を、極めてはっきりした研究として認められた。なお、主要な氷河時代は、下記の期間に含まれる。

ヒューロニアン：27億年前～18億年前
グネジソ：９億4,000万年前～８億8,000万年前
スターティアン：８億2,000万年前～７億7,000万年前
ヴァランジアン：６億1,500万年前～５億7,000万年前
オードヴィシアン：４億4,000万年前～４億3,000万年前
パーモ・カーボニフェラス：３億3,000万年前～２億5,000万年前

プレイストセーン：1,600万年前〜現在

プレートテクトニクス

プレートテクトニクスは、地球表面を形作り続けている。それは、太陽系内の他の岩石でできた惑星内には、見られないプロセスである。地球の地殻と外部核の間にマントルがある。それは約3,600 km の厚さで、地球容積の約80%を占めている。その鉄・マグネシウム・珪酸塩の混合は、硬いが岩石ほどではなく、十分な圧力をかけると形が変わる、密度の高いプラスチックのようなものである。約400 km の深さの地域である上部マントルは、岩流圏（アセノスフェア）と岩石圏（リソスフェア）に分割されている。岩流圏は特にソフトな層で、岩石圏が上に載っている。岩石圏は、岩石でできた砕けやすい層で、地球の薄い地殻を含んでいる。地殻は、大陸の下では約20 km から50 km の厚さで、海洋の下は約8 km の厚さである。この地殻は、固体の惑星の目で見える部分で、大陸と海底を形成する、薄いシワの多い皮膚のようなものである。

地球の岩石圏は、数個の大きなプレートと十数個の小さいプレートに破られていて、お互いにゆっくり擦り続けたり、潜り込んだり、引き離されたりしている。それは、動く好戦的なジグソーパズルのようである。地球の核からの熱が、マントルと岩流圏内を上昇する。そこでは、高温の対流が岩石圏内でローラーのように回って、年に2 cm から3 cm それらの上にプレートを沈み込ませる。

プレートの動きは、地球の最も象徴的な表面特徴を多く生み出す。プレートが衝突したところでは、山脈ができる。例えば、ヒマラヤ山脈は、インドプレートとユーラシアプレートのゆっくりではあるが、容赦のない衝突によって押し上げられた。深い海の海溝が、サブダクション帯で形成され、約16,000 km の長さの大西洋中央海嶺で起こっているように、マグマがマントルから湧き出ている。プレート境界で湧き上がるマグマは、火山を造る。一方、プレートが滑って通り過ぎると、閉じ込められた圧力の突然の解放がある。あるいは、プレート同士の下で、地震として地球を動揺が貫くかである。

それらは避けられない甚大な効果を示すが、プレートテクトニクスは、全ての地球の特徴に関係するわけではない。風、雨、氷、そして他の地球大気の影響と水もまた、侵食によって地形を変化させる。

磁場

幾つかの他の惑星のように、地球は強い磁場を形成している。それは、金属性の核内の電流によってつくられている。まるで巨大な棒磁石が地球に埋め込まれているようである。南北に繋がっているが、地軸からは少しズレている。その磁石の北極と南極は、時間経過とともに移動している。現在、北磁極は北部カナダに位置していて、南磁極は南極大陸の沖合である。目では見えない磁力線は、南磁極から出ていて、地球の球形の周りを外へカーブして、北磁極で内側にカーブしている。

磁場がないと、我々の知る生命体は決して出現しなかった。何故なら、太陽風の破壊的効果から、我々を、その磁場が遮蔽しているからである。太陽から流れ出る荷電粒子は、ヴァン・アレン帯と呼ばれる２つのドーナツ型ゾーンの中の磁力線で捕獲される。ヴァン・アレン帯は、１つは地球表面上3,000 km に集中していて、もう１つは12,400 km に集中している。太陽風が磁場と出会う全地域は、磁気圏と呼ばれている。地球の太陽側では、太陽風の力は、磁気圏界面と呼ばれる磁気圏の外側の境界で、地球半径の10倍まで磁気圏を押し付けている。地球の夜側では、流れる粒子が引き伸ばされた磁気圏尾の中に磁場を引っ張り出している。それは数 au の長さである。1 au は地球と太陽の平均距離である。

オーロラは、地球磁場の素晴らしい副産物である。特に太陽風の強いとき、北極南極付近の磁力線に沿って荷電粒子が螺旋状に落ち込んで行く。それが、地球大気上部に入り込む。その荷電粒子が地球大気にぶつかって、大気内の酸素に対してはグリーンか赤、窒素に対してはブルーで輝く。それらが、夜空を大波がうねるように折り重なって動く。2008年、オーロラの人工衛星観測が、その荘厳なダンスの背後にある原因について、幾つかの手がかりを見つけた。太陽風によって引き延ばされた磁力線は、突然輪ゴムのようにパチンと弾き戻り再結合し、地球に向かって荷電粒子を投げつける。その結果の光景は、微かに光る中で、フラッシュしウェーブする。

地球観測

NASA 地球科学部門は、地球自体ユニークな環境として、地球を理解することを探究している。NASA と多くの国の宇宙局は、地球表面とその大気を観測するために、人工衛星の大艦隊を送り込んでいる。

地球科学研究は、毎年 NASA の予算から約19億ドル（2,660億円）受けている。NASA 天体物理学部門に贈られる金額と同等である。天体物理学部門は、全体としてさらに大きな宇宙を研究している。2021年初頭現在、NASA は30近くの、宇宙から地球を観測するミッションを行っている。ここには、他の国の宇宙局との共同ミッションも含まれている。対照的に、NASA は、太陽系全体に撒き散らされた、多くの惑星間ミッションの半分に関係している。

そして地球科学者は、勝手に使える人工衛星以上のものをもっている。飛行機ミッションは、低い地球軌道からでは難しいか、あるいは不可能な地上に近いところの計測ができる。これらのミッションは、種々の地域をターゲットにしている。それは、空気の質と雲形成から、氷、珊瑚、あるいは地峡や海の植生までの範囲である。多くの飛行機ミッションはまた、最終的には、宇宙に行く技術のテストを経済的な方法で行える。なお、2022年４月、NASA とドイツ宇宙局は、上記の地球観測の一環である、赤外線天文学に対する成層圏観測所（SOFIA）を閉じるというアナウンスをした。

カメラや他の受動的なセンサーは、エネルギー量を記録する。そのエネルギーは、地球に来る反射太陽光のようなものである。地球上では、その情報は地上の生物物理学的性質に関係する可能性がある。例えば、葉の量、植生キャノピー、地表を覆う種類と変化、雪を被った地域などである。

活動中のセンサーは、電波（レーダー）、あるいはレーザー光線（ライダー）のような信号を送る。その信号が地表や水にぶつかり、反射して探査機に戻る。科学者は、そのときその信号がどのように変化し、その下にある惑星の性質に、その変化がどのように関係するかを決定できる。最も最近打ち上げられた、地球観測人工衛星 Sentinel-6 Michael Freilich（センチネル６マイケル・フライリヒ）は、レーダーを使って、地球の海の90％以上の平均海面を計測できる。その精度は2.54 cm のほんの少し以内の誤差である。ライダーから、科学者は、植生の垂直構造を視覚化できる。一方、レーダーは、雲の覆いを貫いて、植生を特徴付けできる。地球の全てのこのような見地を研究することによって、研究者は、如何にして地球が進化しているかを理解し、どのように陸地、水、そして植生が将来変化するかを予測できる。

自然に、大部分の地球観測人工衛星は、地球を公転している。その多くは、静止衛星軌道上にあって、地球が自転しているときでも、地球の１つの地域上にいる。しかし、１つのミッションだけは違う。2015年に打ち上げられた Deep Space Climate Observatory（DSCOVR：深淵宇宙気候観測所）である。

現在、NASA、米空軍、そして National Oceanic and Atmospheric Administration（NOAA：米国海洋大気局）によって管理された、

地球から約150万kmの位置にあるDSCOVRは、地球と太陽の間の安定したラグランジュ点に位置している。ラグランジュ点は、地球と太陽からの重力的影響が、お互いキャンセルされるところである。L1と呼ばれているこの視点から、そのミッションは、リアルタイムの太陽風を調査している。だから、太陽嵐が地球にぶつかる60分前という状況で、警告を発することができる。しかし、DSCOVRはまた、地球を振り返る。そして、10種類の波長において、2時間ごとに写真を撮っている。その波長には、紫外線と赤外線が含まれる。それらの画像は、一般にも毎日公開していて、ウェブサイトは、https://epic.gsfc.nasa.govである。

驚くことに、100万km離れたところから、我々は、オゾン、エアゾール、雲、火山噴火からの硫酸滴、そしてあらゆる種類のそのような物質を計測できる。その結果、静止気象衛星でもできないような方法で、全地球を独自の方法で見ることができる。

そのような遠方からでも、DSCOVRのカメラは、約25km幅という小さい地域でも解像できる。そしてそれは、地球全体の画像を規則的に撮るので、DSCOVRは、植生の確かな外観をもっと近くにある、人工衛星よりもさらに容易に見ることができる。植生の確かな外観は、惑星天蓋のサイズ、あるいは現在ある生物圏の量のようなものである。さらにDSCOVRの画像は、地球全体に亘る昼間の、あるいは日々の植生を示す。それらは、地球の低い軌道からでは見ることができない。

一番奇妙な惑星：地球

地球の長い期間の観測から、科学者は1つの確かなことを学んだ。地球は、ユニークで一風変わった惑星であることだ。それは太陽系内でも、あるいは太陽系を越えたところでも、我々が見たどの惑星ともマッチしない、普通でない性質をもっているようだ。

地球は、活動的な水循環を引き起こしている、豊富な液体の水をもった唯一の惑星である。天気から風化まで、水の効果は至る所にある。地球はまた、活動的なプレートテクトニクスをもった唯一の惑星でもある。プレートテクトニクスでは、地殻の識別できる一片が常時形成されていて、惑星規模のリサイクルプログラムで破壊される。そのリサイクルプログラムは、地震や火山噴火のような現象を引き起こす。プレートテクトニクス活動は、地球の内部から揮発性物質を噴出する原因になっている。その揮発性物質の噴出が、地球大気を形成し、現在も保持している。

まず、月を見てみよう。太陽系史の初期に、大変動の月形成大衝突がなかったならば、地球は決して今日ある状態ではなかったようだ。その衝突とそれを形成した衛星が、地球の潮汐力の強さから、安定した23.4°の傾き全てに影響した。月がなかったならば、地球の受ける潮汐力は、太陽からの影響だけになる。そして、そのすごく遠い距離から、結果的に非常に弱いものになる。これが、水が陸地と接触する界面で、全く異なった風景を引き起こす。そして、月がなかったならば、地球の自転軸は予期できないくらい動揺する。その結果、ちょうど2,000年から3,000年のタイムスケールで、気候を不安定にする。

多分、部分的にこれらすべての要因のために、地球はここまで生命体を保有することができている。それを我々が知っている唯一の惑星である。そして、その生命体は、地球上に痕跡を残した。地質学的期間に亘って、地球の植生は、大気の進化に重要な役割を果たした。実際、植生は大気の20%という現在の酸素の割合に大きく寄与している。

地球は、メタンと二酸化炭素の豊富な大気をもってスタートした。しかし植物が、太陽光と二酸化炭素をエネルギーに変換するプロセスである光合成が、副産物として酸素を生成した。光合成が進んだとき、生命体が存在するようになった。しかし、その25億年前、地球は酸素大気に転換して、ほとんどすべての初期生命体を絶滅させた。そのときは、生命体にとって大変動の時期であった。その大変動の時期が、今日我々が知っている生命体と地球への道を開いたと言って良いだろう。

しかし、地球には、もう1つの奇妙な特徴がある。地球は、巨大な量の鉱物をもっている。惑星形成ブロックの名残である隕石は、少量の鉱物しかもっていない。月面では、その量が増加する。地球に戻ると、途方もない量になる。

これは何故か？　水の普及は、その不均衡を説明するには十分でないようだ。しかし、地球の歴史を見ると、我々が存在を知る鉱物の量は、時間とともに増加する。6億年前に、何か鉱物多様性の大きな爆発のようなものがあったと考えられる。それは陸上での生命体の出現の時期と一致する。生命体は化学反応を変える。つまり環境を、そして多くのものを変える。地球上の生命体と地質学の共進化があるようだ。

多分、地球の陸地、海、そして空気を形作った生命体の、一番はっきりした例は、もっと最近である。そして実際、現在も進行中である。人類は、地球上で変化させる圧倒的な力をもっている。自然力と人間の力の間の反映で、地球表面がどのように変化するかを観測できる。そして、非常に多くの人間の力が働いている。我々は植生を取り除く、あるいは置き換えることをしている。また、水資源を使い果たす、あるいは新しいルートに送ることをしている。海岸線に群住する、あるいは海岸線を変えることをしている。そして我々は、大量の大気変換ガスを生成、あるいは放出している。多くのこれらの効果は、比較的大雑把なデータと商業的なソフトウェアで見ることができる。

水の起源

大部分の天文学者は、小惑星が初期の地球に、水をもたらしたと考えている。しかし新しい研究は、地球にもっと近いところから来たことを示している。

地球の水の起源は、長い間の謎であった。20年近くその問題に取り組んできた研究の大部分は、水になった、あるいは「水の風味」になった、水素のいろいろな同位元素を分類することに焦点を絞ってきた。それらの風味の1つは、重水である。デートリウムを組み入れた水の形が、重水である。デートリウムは、水素の同位元素で、その核内に１個の陽子と１個の中性子を含んでいる。普通の水素は、中性子を欠いているので、デートリウムを持った水は、普通の水より重い。だから重水という。

初期の太陽系内の状況をシミュレーションすることによって、研究者は、地球が形成されたときの、重水と普通の水の比率を計算することができる。地球上で観測されたその比率は、若い太陽系内にあった比率より高い。このことから、多くの天文学者は、地球の水は輸入されたと考えている。何故ならば、その比率が時間が経過しても一定のままであるからだ。今日、大部分の科学者は、小惑星が若い乾燥した地球に水をもたらしたと考えている。

しかし、この考えに疑問を持った科学者がいる。何故ならば、地球のデートリウムと水素の比率（D/H）の計測（これは重水と普通の水の比率に関係する）は、一般的に今日の海の構成物質を基礎にしている。重水の高い含有量をもつ貯蔵庫は、高いD/H比率をもち、デートリウムの少ない貯蔵庫は、低いD/H比率を示す。

しかし、地球のその比率は、時間とともに変化するべきだった。大部分の惑星のように、地球は、多分幾らかの大気を宇宙に失ったはずだ。そして軽い方の水素が、重い方の水素よりも、地球から容易に剥ぎ取られたようである。湖や海のような水の貯蔵庫からの、水の蒸発等の地質学的プロセスもまた、生物学的反応のように、その比率を変えることができる。何故ならば、生物学的反応では、軽い方の同位元素は、代謝プロセスにおいて重い方とは違ったように使われるからである。これらのプロセスの全ては、地球が新しく形成されたときと比較して、現代の地球に高いD/H比率を与えている。

そこで、原始の水が、アイスランドの地表から湧き出ているという情報を得たが、それらは結局、原始の水ではないことがわかった。しかし、地質学者は、地球のマントルから湧き上がった幾らかの岩石質の物質が、その水の風味を少し含んでいることを明らかにした。その物質は、決して地上の物質とは混合しないようだ。そして、地球の初期の水を代表する可能性がある。誰もそれらのサンプル内のD/H比率を研究していない。何故ならば、それをする技術は最新のものだからである。しかし、その仕事をすることができる新しいイオンマイクロプローブを購入した大学がある。

地球と他の惑星は、太陽が誕生した後に残ったガス雲の中で形成された。原始太陽系星雲として知られているこの物質は、惑星を形成するすべての元素を含んでいる。そして、その構成物質は、太陽からの距離によって変化する。太陽に近い地域は、あまりにも高温であるので氷はできない。一方、太陽系の外部では、氷を形成する。地球付近では、水素と他の元素は、ガスとしてのみ漂っている。その原始太陽系星雲は短命であるので、大部分の科学者は、地球は、これらのガスが宇宙に逃げ出す前に、それらを集めるだけの十分な時間を持たなかったと推測している。地球の高いD/H比率とともに、この考え方から、多くの科学者が、地球の水は地球が冷えた後、外から来たはずだと考えるようになった。

ヨーロッパのジョット探査機が、1986年にハレー彗星を調べたとき、研究者は、その重水含有量は、初期太陽系の地球付近のガスより高いことに気づいた。そこで、彗星が初期の地球に水をもたらしたという新しい理論ができた。惑星が形成された後、巨大な原始太陽系星雲は、太陽系内部に向けて幾らかの物質を投げ込んだ木星のような巨大惑星によって、物質が掻き回され続けた。外部太陽系内で形成された氷状物質は、大量の水を含んだ天体の衝突として地球上に降ってきた。

しかし、他のミッションによって、さらに彗星を探査した結果、彗星の重水量は、それらに一致しないことが明らかになった。実際、大部分の彗星の重水比率はあまりにも高く、地球上に落ちて来た水には匹敵しない。だから別の元凶を探す必要が出てきた。

彗星だけが、巨大ガス惑星が放り出したものではなかった。木星が、太陽系史初期の段階で、小惑星帯に突入したとき、岩石でできた破片をすべての方向に撒き散らした。彗星のように、その物質の幾らかは、地球に降り注いだ。しかし彗星とは違って、小惑星は氷として水を拘束していない。その代わり小惑星は、水の構成物質である水素と酸素を鉱物の内部に取り込んでいる。また、小惑星内の重水含有量は、地球の現在の比率に非常に近い。だから、小惑星が地球の水の源であるという考え方が主流になった。

水は、H_2O であるので、水素と酸素が関係する。地球が形成されたとき、成長する惑星を取り巻く水素は、岩石と無機物質に捉えられた。水の多い、そして酸素の多い鉱物は、マントルの熱のために溶解する。このときできた水は、惑星の地殻から噴出する。その水をこの研究者は探している。

マントルの大部分は岩石である。そして、途方もない量の水素と酸素が、内部に閉じ込められている。この研究者は、10個の大洋の水と同じくらい多くの水が、マントルの内部に存在すると推測している。

科学は実証しないといけないので、この研究者は、原始の水を求めて世界中を探査し、カナダのバフィン島で、その兆候を示すサンプルを取得した。しかし、まだそれが、決定的証拠であるかどうかはわからない。

地球の統計値

質量：5.97×10^{24} kg
直径：12,760 km
平均表面気温：15℃
自転周期：23時間56分4秒
公転周期：365.26日
衛星：月

第7章　月

月はいつも手招きしていた。「さまよい動く星」は、実際は、地球と太陽系を分かち合っている惑星であることを我々の先祖が認めた。そのずっと以前に、彼らは、月は地球の一種の兄弟であることを認めていた。そこで生じてきた最初の大問題の1つが、月はどのようにして、今の位置に来たかであった。

アポロ計画は、政治的技術的功績として認められてきた。しかし、アポロ宇宙飛行士が地球に持ち帰った価値ある月のサンプルによってもたらされた科学的恩恵は、あまり大きく評価されなかった。これらの遺物が最終的に、月はどのように形成されたか、という長年の課題に答えることに、極めて重要であることが証明された。

起源

アポロ宇宙飛行士は、約380 kgの月の岩石を持ち帰った。これらの貴重なサンプルが、月の過去について、多くのことを明らかにした。

地球は、古代の記録を大きく消された。それは、地質学的活動を通して、連続的に地表が再構築されたからだ。しかし、月は本質的に休止状態にある。だから、月面の多くの隕石衝突によるクレーターが、数十億年遡った太陽系の出来事の記録を保持している。だから月はまた、我々の惑星の原始の歴史に窓を開いている。

アポロ計画の主目的の1つは、月の形成についての当時の主説の中から、どれが正しいかを抽出することだった。その主説は、捕獲説、兄弟説、そして分裂説だった。捕獲説は、月は地球とは違うところで独立して形成され、後に、地球への偶然の接近遭遇で、地球の引力によって捕獲されたと提案した。兄弟説は、月は構成物質を地球と同じ根源から同時に物質を蓄積して、地球の側で成長したと構想した。3番目の理論である分裂説は、古い地球は、非常に速く自転していたので、中央部分が不安定になり、膨張して赤道からその物質を放り出し、結果的に月が形成されたと推測した。

アポロによる月のサンプルとデータの貯蔵物から、研究者は興味をそそる手がかりを見つけ、これらの3つの説を排除した。例えば、最も古いアポロサンプルの年齢を計測することによって、月は約45億年前に形成されたはずであることがわかった。それは、太陽系内の最初の粒子が凝縮した後、6,000万年くらい経過した時期になる。これは、惑星の誕生を見た、初期の太陽系の時代と同じ頃、月が形成されたことを意味する。

月の質量と半径の地球からの計測から、研究者はまた、月の密度は異常に低いことを知った。それは、鉄の欠乏を意味する。地球は、地球質量の約30%が、鉄の豊富な核内に閉じ込められている。一方、月の核は、月の全質量のわずか2.3%である。この鉄のはっきりとした相違にもかかわらず、アポロサンプルは後に、月と地球からのマントル岩石は、酸素の濃度の著しい同様性を示した。そして、これらの月と地球の岩石は、明らかに火星を起源とする隕石、あるいは小惑星帯とは異なっている。だから、それは、月と地球のマントルは、古いつながりを持っていることを示している。さらに、地球のものと比べて、月の岩石は、いわゆる揮発性元素に大きな欠乏がある。揮発性元素は、加熱されると簡単に蒸発する元素をいう。それが、月が高温のもとで形成されたことのヒントになっている。

最終的に研究者は、潮汐力が時間経過とともに、月を外側へ螺旋状に地球から後退させていること知った。その結果、地球の自転はさらに遅くなっている。これは、月が今よりさらに近いところで形成されたことを意味する。アポロ計画の間に置かれた月面の反射物を使って、月の位置を正確に測定すると、このことが確認できる。実際に、毎年約3.8cm月の軌道は大きくなっていることを確認している。

巨大衝突説

科学ではありふれたことであるが、当初は現存する仮説をテストする意図で集められたアポロデータは、その代わり新しいアイデアを生み出した。1970年代中盤、研究者は「巨大衝突説」を提案した。その奇抜なシナリオは、地球は、その形成時の最後に、もう1つの惑星サイズの天体と衝突したという構想である。この衝突からたくさんの破片が、地球軌道につくり出され、それらが合体して月を形成したという。その衝突してきた惑星は、後にセイアと名付けられた。それは、月（ルナー）の母であったギリシャの女神の名に因んでいる。

その新しい衝突説は、多くの証拠にうまく合致しているようだ。もし月を形成した物質が、地球とセイアの核よりも外部層を起源にしていると、我々が観測しているような鉄分の少ない月が自然に形成されるだろう。地球に斜めに衝突したその巨大衝突は、地球の急速な当初の自転を説明できる可能性がある。最終的に、このような衝突時に放出された巨大なエネルギーが、放出物の相当量を蒸発させただろう。それが月の揮発性物質の欠乏を説明している。

科学界は当初、この新しい理論には懐疑的だった。巨大衝突説は、全く起こりそうにない出来事を示している不自然な、にわか仕立ての結論として批判された。しかし同時に、敵対する理論を唱えるものも、不満足さを増加させるだけだった。

捕獲説で、接近時、月を無傷で捕まえるために必要なエネルギーの散逸が、不可能でなくても、可能性が薄いようだった。地球と並んで月の同時形成説（兄弟説）は、何故、月が鉄の大きな比率の違いを持つのかを説明するのに苦慮した。さらに分裂説において、地球と月システムの現在の角運動量もまた低いので、自転が不安定な地球が月を形成するのに十分な物質を放り出すということが説明できなかった。研究者は最初、その巨大衝突説に大きな関心を寄せなかったけれど、結果的にそれが、最も可能性の高い理論として出現してきた。それは、1980年代中盤の、月の起源学会の間で、主に敵対する理論の弱さからだった。

しかし、実際に、巨大衝突が月を形成できたのか。この問題に対する答えは、当時は明らかではなかった。基本物理によると、球形の惑星から放り出された放出物は、完全に宇宙空間に飛んで行ってしまうか、あるいは、その惑星表面に戻ってきて、ぶつかるかのいずれかであることを科学者は知っていた。放り出された物質は、惑星の周りの安定した軌道には単純に入らないようだ。しかし、ターゲット自体と、ほとんど同じサイズの天体による、十分に大きな衝突だと、そのぶつかられた天体の形を捻じ曲げて、放り出された物質との重力的相互作用を変える。

さらに、特に蒸発した物質は、抜け出ようとするガスの助けで、それ自体の加速度を得ることができる。それが、放り出された物質の軌道を変える。しかし、このシナリオの効果を評価すると、以前にはモデル化されていない規模の、新しいコンピュータシミュレーションが必要になる。現在使えるテクノロジーでは、このようなシミュレーションは極めて難しいが、研究者は最終的に巨大衝突が、それ自体を月に集める軌道上で、公転する物質をつくりだすことを示した。

大きなコンピュータの改良のお陰で、研究者は2000年初頭までに、後に「キャノニカル・インパクト理論」として知られるようになったことを確認した。それは、セイアによる約45°の低速度の衝突で、セイアは、火星と同様の質量を持っていたというものだった。このような衝突は、十分に大きな質量を持った物質の、鉄が欠けたディスクをつくり、月を形成できるようだ。同時に、地球の自転を1日5時間に導いた。それから数十億年間、潮汐力相互関係が、月に角運動量を移した。その運動量が、徐々に月を外部に押しやり、地球の自転を遅くした。これが、地球の現在の１日・24時間と、月までの現在の軌道距離の両方に、上手く適合している。

地球と月の化学的関係

月が他の天体で、それに対して我々が遠くからの観測のみを行ったならば、この時点で、我々は、月の起源のシナリオを解決したと言い切るだろう。しかしこの場合、我々は、比較することができる月と地球両方からの、物理学的サンプルを入手している。それらのサンプルの化学的関係を説明することが、巨大衝突説の最も大きな難題であることが示された。それが、月は正確にどのようにしてできたかを研究してきた過去数十年間、その仕事の混乱を招いた。

その難題は次のことである。上記のような、最も巨大なディスクを形成する衝突において、それは地球軌道内に投げ捨てられた、セイアの外部層からの物質が主である。しかし我々は、セイアが地球に衝突したとき、セイアの構成物質が何であったかを全く知ることができない。もし火星や主小惑星帯小惑星のように、地球とは異なった物質で、セイアができていたならば、セイアからくる放出物は、地球とは異なった構成物質でできているはずだ。

その代わり、アポロ月サンプルから引き出されたデータは、ただ酸素に対してだけではなく、多くの他の元素に対しても、月と地球は、ほとんど化学的に違いはないことを強く示している。月と地球は、同じ元素の同じ同位元素を持っている。地球とセイアは、各々の歴史と構成物質をもつ、２つの独立して形成された惑星である。月と地球の元素における同様性を説明することから、地球とセイアとの衝突が、如何にして、その後の月と地球を形成したかを説明できる。

１つの可能性のある説明は、セイアは地球のような構成物質を持っていて、多分太陽から同様の距離で物質を分かち合いながら形成されたというものだ。実際、地球の全質量の最後の40％をセイアとの衝突で加えたと考えられている。そのセイアが、同じ構成物質を持つという証拠はある。それは同じものから形成されたことを支持する。しかし、月サンプルの最近の解析は、正確に付け加えていない１つの類似を強調している。それは、元素タングステン問題である。

タングステンは、２つの理由から惑星の起源を理解するには特に役立つ。それは惑星形成時、惑星の金属的な核に組み込まれる傾向にある。そして、タングステンの１つの同位元素、あるいは変種は、元素ハフニウムの放射性崩壊で作り出される。ハフニウムは、太陽系史の最初の約6,000万年の間だけ、優勢であった。タングステンとは違って、ハフニウムは一般的に、惑星の核に組み込まれなくて、その代わり、そのマントル内に残る。惑星の核が、最初の約6,000万年の間に形成されたと仮定する。セイアと地球の両方ともそのようであるとする。豊富なハフニウムと、従って、マントルの中で生成されたその特別なタングステンの同位元素は、核の形成タイミングには極めて深く関係している。言い換えると、たとえセイアが地球付近での形成によって、酸素のような元素において、地球のようであったとしても、それらの形成のタイミングの補足的な偶然性が、観測された地球と月の、タングステン一致を生み出すために必要である。現在の予測では、このような偶然性は、極めて可能性が薄いようだ。

別のシナリオは、その巨大衝突は、最初地球とは化学的に異なった月を形成するディスクをつくったとみている。そのとき、地球の蒸発した部分は、ディスクの中で水蒸気と混合し、それらの構成要素を等しくした。これを平衡モデルと言う。このモデルは、物質の混合は、根本的に月形成ディスク内で、セイアの化学的痕跡を消したという。

平衡モデルは、興味をそそるプロセスである。何故ならば、何故、地球と月が、タングステンを含む多くの元素において、類似性を示しているかを説明しているからである。しかし、これらの混合は、非常に速く起こったに違いない。何故ならば、ディスクから月が形成されるのに、わずか200年から300年だった可能性が強いので。このような効果的な混合が、このように短い期間に起こったかどうかは、まだはっきりしない。

理論の多様性

2012年、研究者は、重要な発見をした。彼らは、太陽とのある重力的相互作用から、地球はその自転を2倍、あるいはそれ以上遅くすることができることを示した。それは、太陽の周りの軌道の中へ、地球の自転からの角運動量を吸い取ることで起こる。もしこれが可能ならば、これは月が形成されたすぐ後、地球の自転率は、以前に考えられていたよりも速かった可能性があることを意味する。例えば、5時間で1回の自転の代わりに、2時間ごとに1回自転するというように。これは、セイアとのもっと力強い衝突が起こったことを示しているようだ。

研究者は、このように速く自転する地球に対する、種々の高角運動量を持った衝突を提案した。その中に、セイアと初期の地球の両方から、ほとんど均等な物質の混合で、ディスクと衝突後の地球をつくりあげたというものがある。しかし、さらに大きい、さらに高いエネルギーの衝突を説明するために必要な正確な減速が、パラメーターの狭い範囲を要求する。その範囲は、今までのところはっきりしていない。これが、このシナリオの総合的な可能性を不確かなものにしている。

しかし、もし月が、ちょうど1つではなく、複数の衝突によってつくられたならばどうか。最近の代替えモデルは、1つの巨大衝突よりも、数十の小さい衝突から、月が形成されたと考えている。このシナリオの中では、比較的小さい衝突が小衛星をつくり、その軌道が外部へ螺旋状に広がった。後の衝突が、もう1つの小衛星を生み、その外部への移動が、それと以前の小衛星との融合を導いた。多くのサイズの構成物質を持った、多くの小さい衝突によってつくりあげられたフルサイズの月が、1つの衝突によってつくられた月よりも地球のような構成物質になった可能性が高い。しかしこの理論の問題点は、異なった衝突によって形成された小衛星は、必ずしも融合しないことである。その代わり、このような小衛星は、軌道から放り出されるか、あるいは地球に衝突する可能性が高い。

最終的な問題は、月の衝突による形成シミュレーションは、月形成衝突の全ての重要な局面を考えているかどうかである。たとえ、異なった状況とコンピュータによるアプローチが使われても、以前の研究では、一般的に同様の結論をみた。しかし新しい研究は、地球のマントルが、直前の衝突による熱で巨大衝突時溶解していたならば、はるかに多くの物質が宇宙に放出され、巨大衝突シナリオでも、さらに多くのディスクをつくり出したと提案している。

今後の研究は？

だから我々は、岐路に立った月起源モデルをみている。一方では、巨大衝突説の、かつては不確かだった状況が確認された。現在の惑星形成理論は、地球が成長したとき、巨大衝突は、内部太陽系において日常茶飯事に起こっていたと予測している。数千の進化した綿密なシミュレーションが、ほとんどではなくても、多くの巨大衝突シナリオは、ディスクと衛星を形成することを示した。捕獲説のようなモデルの中で、説明するのは困難である月の鉄の欠乏は、大きな衝突からは自然な結果である。その理由は、月に合体した物質は、鉄の豊富な核よりもむしろ、衝突してきた天体の外部マントルから来ることである。

しかし、他の特徴を説明することは、依然として難しい状況にある。厳密に言えば、月のサンプルから見られたような、月と地球の間の基本的な同様性の中の、増え続けるリストの１つ１つを説明することは困難である。２つの惑星の衝突が、それらの構成物質相違のいくつかの痕跡を残すことは予想できる。しかし、少なくとも現在のデータを基礎にすると、このような相違は明白ではない。

研究者は、１つの大きな衝突、あるいは多くの衝突が、如何にして地球と化学的に同様な月を形成したかに対して、多くの新しい創造的説明を提案した。しかし、新しいアイデアは、追加的な制限が課せられる。従って、衝突理論は、半世紀前に直面した問題に、依然として取り組んでいる。このような出来事はよく起こったのか、あるいは非常に特異な出来事の産物が月であったのか。

その進展は、幾つかの研究の中の発展に依存する。研究者は、月の性質を予想するために、変化する起源シナリオにリンクする、次世代モデルを創る必要があるだろう。それらの性質は、観測と比較することによって、テストされる。

幸い、米国と他の宇宙開発国は、重要な新しい制約を供給することを目的とした、来るべき月ミッションを計画中である。例えば、新しい月サンプルが、もっと十分に月の構成物質を深くまで明らかにするかもしれない。月の地震活動と熱流の改良された計測が、月の内部の構成物質と当初の熱の状態を明らかにするかもしれない。

最終的に、我々は、月が如何にしてそこに来たかに対する答えを追い続けるだろう。その結果、我々は地球の歴史を理解できるばかりでなく、もっと一般的に、内部太陽系惑星の形成と進化について、月が教えてくれることを学ぶことができる。さらに、太陽系とそれを越えたところの形成と進化についても学べるだろう。

月面の特徴

月面は、２つの古い構成部分からできている。それらのパターンが、有名な「月面の人」に見える幻覚を創っているようだ。その人は、何かを考えているようにも見える。２つの構成部分の第一は、黒いマリア（海）である。これは、広範囲に流れた玄武岩を含む溶岩で、鉄とマグネシウムに富んでいる。第二が、明るく見える高所（ハイランド）である。ここは、アルミニウムとカルシウムを豊富に含んだ古い地殻である。マリアを形成した、高温の二酸化珪素に欠けた玄武岩が、数十億年前に噴出したとき、長い川のような河床を形成した。それらが現在、曲がりくねった溝と盾状の小丘として見える。このタイプの火山活動は、ハワイの溶岩の状態によく似ている。

月は、レーニエ山や富士山に似た高い急勾配の山頂が欠けている。それは、厚い二酸化珪素に富んだ流れが原因である。アポロ計画で持ち帰ったサンプルの中の、小さい花崗岩の破片が、二酸化珪素に富んだ注入、あるいは抽出が、月面に今もあることを示しているようだ。実際、いくつかの尾根をもった急勾配の小山や、低地まで広がった凹地は、地球上の二酸化珪素の豊富な火山性の丘のあるタイプに似ている。1960年代終盤のLunar Orbiter（月周回機）からの写真分析が、まず、このような地形の特徴を認識させた。それらの幾つかは、質素な望遠鏡でも、地球から見ることができる。そのような地形には、ハンスティーン・アルファ、ラッセル・マッシフ地域、そしてグルイスイゼン・ドームが含まれている。

1970年代初頭、このような小山は、カラー写真には、赤い点として突出していることがわかった。後に、これらの場所は、ソリウムや鉄の低いレベルの、放射性元素の反応の大きい地域に対応していることを知った。

その後、これらの赤い小山の幾つかは、実際、二酸化珪素の豊富なところであることが証明された。しかし、ソリウムは豊富だが、鉄は乏しい地域でもある。そして、すべての二酸化珪素の豊富な地域が、ドームではないことがわかった。

何故、鉄分を多く含むマリアが、その境界部分に二酸化珪素に富んだ突き出しをもったか。1つの可能性は、黒いマリアを生み出したマグマ溜まりが、冷えて二酸化珪素に富んだ残留物を残し、それが、そのとき月面へ噴出したということだ。地球上では、このような噴出で、二酸化珪素に富んだ火山を造る。内部から外部へ成長し、火山性ドームになる。カリフォルニア州のモノ湖が、その1つの例になっている。

継続的な隕石衝突

Lunar Reconnaissance Orbiter（月面偵察周回機）からのデー

タより、月面の高所の土壌は、すべて同じではなく、予想より高い濃度のソディウムを含む、鉱物のある場所を含んでいることを知った。これは、高所が違った進度で冷えたか、あるいは何かのプロセスが、ある場所では、月面の進化に影響を与えたかを意味するようだ。

本質的に、それは隕石の衝突が、その原因であると見られている。その衝突の跡は、約2,400 km幅の南極エイトケン隕石衝突跡盆地で、地球からは見えない、月面の反対側に大部分があって、約43億年前にできた。この隕石衝突跡盆地は、月の半径以上の跡を残したけれど、この衝突では、100 kmから150 kmある月面の反対側の地殻の下から、月のマントルを噴出させることはなかった。しかし、別の継続的隕石衝突が、月面反対側にある浅いマグマ溜まりを造った原因であるようだ。

実験結果とコンピュータシミュレーションをもとにして、巨大なエイトケン隕石衝突跡盆地を造った物体が、ある角度で月面に衝突したと考えられる。この隕石衝突は、マントルの重要な部分を月面に出すほど、深くまで影響を与えなかったが、衝突による衝撃波は、巨大な影響を月面の反対側の奥深くまで及ぼした。膨大な損傷は、予期された地域である、エイトケン隕石衝突跡盆地の反対側だけでなく、現在、嵐の大洋とよばれている地域の、地下にも損傷が集中した。嵐の大洋は、月の西に位置する広大な月のマリアの1つであり、月面の表側にある。放射性物質を運んだマグマが、この損傷を受けた地域を満たし、後に高温になり、表側のマリアを形成した。皮肉なことに、数十億年前、月の裏側へのエイトケン隕石衝突が、我々が現在見る「月面の人」を造る一助となったと考えられている。

縮んでいる月面

「雨の海」や「晴れの海」のような月面のマリアに、昼と夜の境界線が近づいたとき観測すると、長い、曲がりくねった「シワ」のようなものが見える。このシワは、普通、「リンクルリッジ」と呼ばれている。これらは、集中していて、マリアの平坦な黒い表面にはっきり見えるので、「メアリッジ」とも呼ばれている。

1960年代後半から1970年代初頭にかけて、月周回機とアポロによる写真が、月面の高所に、このような曲がりくねったシワの存在を明らかにした。これらの高所のシワは、小さい若いクレーターを横切っている。だから、シワは火山活動からは遥かに後の、比較的最近できたに違いないと考えられている。このようなシワの出現が、収縮する岩石圏の地域にある、押し付けたような断層の特徴である。なお、月の岩石圏とは、月の硬いがもろい外殻をいう。収縮する岩石圏は、月が収縮するように、横側からの圧力で歪められたようである。40年前、6つのこのような例が確認され、それらは圧縮模様と呼ばれた。このような高所のシワは、当時の理論とは矛盾しているが、月は全体として収縮しているに違いないと主張した研究者がいた。

その後、性能の良い月面偵察周回機のカメラが最適の光のもとに、月面の地図を作成し、アポロ時代のミッションで調査を行った地域よりも、遥かに広域の特徴を分析した。これらの月面偵察周回機カメラによる画像から、長い絶壁と呼ばれるような、これらの長くて低い浮き彫りの断崖は、以前に見つけられた以上に、至る所にあることがわかった。月は、ほとんどのマリアの、玄武岩噴火以後30億年経った現在、収縮しているようである。ほとんどのアマチュア天文学者の望遠鏡でも、これらの断崖の幾つかを、昼と夜を分ける部分の近くで、容易に確認できる。

水

人類が、太陽系を探究するとき、生命生存のため基本的なものをもつ必要がある。呼吸する空気はもちろんだが、その次にくる最も重要なものは水である。我々は現在、小惑星、彗星、惑星、そして月に、凍った形で水が潜んでいることを知っている。その中でも、特に月の水が必要となる。しかし、問題は残っている。水量はどのくらいか。そして、それを掘り出すのはどのくらい困難なことか。

科学者は、最近、月は、水の氷の貯蔵庫をもっているかという探究を行っている。それは、極地のクレーターの中は、永久に陰となっているので、水の氷が固定された状態で保存されているからだ。もし、大量の水の氷が存在すれば、将来の月面基地計画も、決して気の遠くなるような話ではなくなるだろう。しかし、大量の凍った水の証拠は、まだ不確実である。そして、今までに得たデータから、別のシナリオが優位に立つようである。大量の水の保管所中にある水素は、科学者が希望したように、月表面にある土壌と混じり合った薄い層の中に存在するようだ。月の水源の第一案は、大量の水の氷は、小惑星等の月面への衝突で来たようである。第二案は、貧弱な水の供給が、太陽風から来たようだ。その太陽風は、月の外部を横切って広がる水素イオンの形をしている。

興味をそそる第三案は、月の水は地球から来たというものである。

月の極地の氷に対する最初の証拠は、NASA のクレメンタイン探査機から、1994年にきた。５年後、Lunar Prospector（月探査機）が、クレメンタインの結果を確認したようである。また、インド宇宙研究機構の月周回機 Chandrayaan-1（チャンドラヤアン１号）の2009年のデータからも同様のことがわかった。しかし依然として、科学者は、月に水があることを確信していない。2009年、NASA は Lunar Crater Observation and Sensing Satellite（月面クレーター観測検出衛星）ロケットをキャベウス・クレーターの中へ衝突させた。そのとき、他の物質とともに、水の氷が浮かび上がって来た。この確実な証拠をもって、その疑問は解決したようである。

しかし、月面偵察周回機は、月面には以前に考えられていた量より遥かに少ない量の水しかないようであり、まばらに存在するので、将来の月面基地は、それらの水を利用するのは、たいへん困難であるという指摘を行った。つまり、大量に水が存在することはないということである。

月探査機も、クレメンタインのように、特に水を探査する機器ではなく、単に水素を探査する。水は H_2O なので、大量の水素の存在するところに、水の存在する可能性はあるが、必ず水があるとは断定できない。

月面偵察周回機によって、次の３つのクレーター内に水の氷が、相当量あるという可能性が出てきた。それらはキャベウス・クレーター、南にあるシューメーカー・クレーター、それに北にあるロジェストベンスキー・U・クレーターである。

月面に水が存在することは明らかであるが、月面偵察周回機による分析結果は、大量の水を探すための最良の場所を指摘しているだけだ。将来の月探検が、これらの探査機が何も見つけられなかった場所で、最初の採掘作業に取り組むのは、愚の骨頂であるだろう。どの探査機も指摘した、可能性のある結果をもっている、この３つのクレーターに目標を絞るのが妥当であろう。他の場所へ行くことは、相当なギャンブルである。これらの科学的論争に決着をつける最良の方法は、人類が月へ行き、直接月面を調査することである。リモートセンシングは、多くの情報を与えてくれるが、結局、多くの疑問が残るだけである。

月は初期の地球を知る鍵

月は、初期の地球を知るロゼッタ石のようだ。つまり、月の過去を理解することによって、初期の地球の宇宙的環境を明らかにできるからである。我々は、今、月の極付近の日陰の深い所に、次のようなものを含むタイムカプセルが隠れていることを知った。それは、小惑星、あるいは彗星の失われた記録、計り知れない長年月を遡ったカタストロフ的大衝突のエピソード、月の火山活動の最終段階、死んでいると考えられている月の内部からのガスの噴出、そして太陽系の歴史である。それらは、銀河系の中心から横に延びる平面を太陽系が何度も横切ったという証拠を秘めているかもしれない。なお、カタストロフ的大衝突とは、月の起源と考えられている地球と火星クラスの原始惑星セイアとの衝突をいう。また、銀河系の中心から横に伸びる平面を太陽系が横切るとき、銀河の中心からの大きな影響があると考えられているからである。

月は、地球上の古い環境を直接保存している可能性もある。30億年前、月は地球にたいへん近かったので、月の凍り付いた極が、太陽風によって引きちぎられた地球の大気を、あるいは月をつくった地球との大衝突時の破片を、閉じ込めている可能性もある。

我々は、今、この小さい近隣の天体を探査することによって、このように保存された記録に挑戦しようとしている。壊れやすい、揮発性物質の多い月面から飛び立つため、月着陸機のロケットに点火することは、原子と分子の上層部を破壊する、あるいは少なくとも汚染するだろう。我々が探査したいと考えている証拠のいくつかを破壊して、永久に手に入れられなくする可能性もある。皮肉にも、NASAのコンステレーション計画のキャンセルが、この壊れやすい環境、豊富な未開発の歴史をもったお隣に待つ失われた世界、月を保存したことになるのではないか。

月の統計値

質量：7.36×10^{22} kg
直径：3,474 km（地球の0.272倍）
平均表面気温：−20℃
自転周期：27日
公転周期：27日
地球からの距離：384,400 km

第8章　火　　星

古代より、火星は人の心を捉え、想像力を逞しくさせた。そして、その研究が、惑星天文学の分野で重要な発見をもたらした。しかし、そこには多くの思い違いがあった。

古代ギリシャ人が夜空を見上げたとき、天空を横切るように移動する星に魅力を感じた。特に1つの星に注目した。赤い惑星で、普通の道筋を辿る前、2年ごとにほんの少しだけれど酔ったように逆方向へ動く。確かに他の2つの星も逆方向へ動くが、この赤い惑星は動きが素早い。それでより顕著であった。ギリシャ人は、戦争の神アレスに因んで、この血のように赤い惑星をアレスと名付けた。アレスは、ローマ人にとってはマーズ（火星）である。

それ以来、赤い惑星は、より多くの天文学者に影響を与え、多くの議論を生み、他の惑星より多くの物語の主題になってきた。しかし、何故火星が、このようなおもしろい発見と、空想に耽ることを生み出したのか。その答えは、赤い惑星と地球との深い関係にあるようだ。

観測史

5,000年ほど前、エジプト人は、夜空における火星の特異な動きを理解していた。そして、火星を「逆方向へ動く惑星」と呼んだ。ギリシャ人天文学者プトレマイオスは、２世紀に数多くの火星観測を行った。そのプトレマイオスの天文学書『アルマゲスト』が、中世まで、天文学の権威ある教科書として残った。ティコ・ブラーへもまた、特に1580年以後、衝のとき火星を詳しく観測した。衝とは、太陽と外惑星または月が、地球をはさんで正反対にある位置関係を言う。死の前年ブラーへは、ドイツ人数学者ヨハネス・ケプラーに会い、夜空における火星の動きを理解するという仕事を頼んだ。

ケプラーは、1609年に火星観測の結果を発表した。同年、イタリア人天文学者ガリレオ・ガリレイが、彼の未発達の望遠鏡を夜空に向けた。これが、天文学のルネッサンスの始まりである。しかし、火星のきれいな像を望遠鏡内で見られるようになったのは、17世紀中盤であった。

その多くは、オランダ人天文学者クリスティアン・ヒュイゲンスによってなされた。1659年、火星表面を横切る三角形の暗い領域に気づいた。今日、サータス・メイジャーと呼ばれているもののスケッチが、火星表面の特徴を描いた最初の絵であった。

その形をガイドとして、ヒュイゲンスは、火星がどのように自転するかについて、徹底的な記録を始めた。その結果、地球とほぼ同じ24時間で１回自転することがわかった。彼はまた、火星のサイズのかなり正確な推測をした。そして、火星とその他の惑星上に存在すると彼が信じた文明について、哲学的に描写した。

一方、イタリア系フランス人天文学者ジョヴァンニ・カッシーニもまた、火星表面の特徴をよく観測した。彼は、火星の自転周期を24時間40分まで精度を高めた。実際は、24時間37分22秒である。そして、1672年の地球への大接近の間、彼と彼の研究仲間のジーン・リッチャーが、火星の観測を使って、地球と太陽の距離の精度も高めた。それは、正確な値に誤差1,000 km 以内にした。

カッシーニの甥、ジアコモ・フィリッポ・マラルディが、1719年まで火星を広範囲に研究した。1704年、彼は火星の両極に、白い斑紋を初めて観測した。1719年の衝までに、両極のその地域は、氷冠であると指摘した。何故なら、南極のものは、季節に従って、拡大したり縮小したりするからである。

ドイツ生まれの英国人天文学者ウィリアム・ハーシェルが、1777年の火星の衝のとき、マラルディの発見を確認した。そして、その白い斑紋は、水の氷であると記載した。２、３年後、２つの光度の低い恒星の前を火星が横切る現象を観測して、ハーシェルは、火星には薄い大気があるに違いないと結論付けた。というのは、背後にある２つの恒星の光に、少し影響を及ぼしたからである。彼はまた、火星の自転軸は、30° 傾いていることも発見している。実際は、25.2° である。これは、地球の自転軸の傾き23.4° より少し大きいので、火星にも四季があり、地球より季節が少し長いことに気づいていた証拠である。

ハーシェルもヒュイゲンス同様、他の惑星にも住人がいると信じていたので、火星人も我々と同じような環境で、人生を謳歌しているだろうと考えた。しかし、後々まで、火星人は地球人に対して脅威にはならないと思っていた。

19世紀に入り、天文学者が火星表面の地図を作成し始めた。このとき、青緑色の斑紋が散在する火星の像が、前面に押し出されてきた。その青緑の斑紋は、海か植生ではないかと想像した。1830年、ヴィルヘルム・ベーアとヨハン・ハインリッヒ・フォン・メドラーが、初めて火星の地図を作成した。彼らは、赤道のすぐ南の、小さい丸い斑紋を経度ゼロとして使った。今日でも、火星地図作成者は、この地点を経度ゼロとしている。

次に、重要な地図作成を行ったのは、イエズス会士天文学者アンジェロ・セッキであった。1858年の火星の衝のとき、彼が初めて、サータス・メイジャーは海であると言った。1863年の衝のとき、彼は、観測した火星の複雑な色を使った地図を作成しようと試みた。そして、「海と大陸の存在は、間違いなく証明された」と書いている。

１年後、レヴェレンド・ウィリアム・ラッター・ドーズが、火星の27枚の絵を描いた。すべてが鮮明で、英国人天文学者リチャード・アンソニー・プロクターが、それらを使って1867年の火星の地図作成を行った。これが、その後20年間使われた。

1877年、火星が衝に入り、地球への大接近の時期になった。それで、多くの天文学者の観測ターゲットになった。U.S. Naval Observatory（米国海軍観測所）では、アサフ・ホールが、火星を公転する２つの衛星を発見し、フォボスとダイモスと名付けた。これは、それぞれ、ローマの恐怖とパニックの神の名前である。一方、ジョバンニ・スキャパレリが、火星の地形を地図にし始めた。これには、イタリアのミラノにある8.6インチ（21.844cm）屈折望遠鏡を使った。プロクターが描いた主大陸は、実際は、多数の島であると記述している。しかし、一番重要なことは、線状の複雑なネットワークのような特徴を表示し、それに「カナリ」という名前を付けたことだった。

イタリアでは、「カナリ」は運河、あるいは水路を意味する。スキャパレリは、同義語として、フィルメ（river）の代わりに「カナリ」を使ったことは、間違いないようだ。しかし、英語に対してこの「カナリ」は、人工の運河になった。

スキャパレリは、その水脈は自然にできたと信じていたけれど、知的生命体だけが、このような複雑な水路を造れるという考え方が、勝手に流布していった。空想科学作家カミール・フラマリオンの1892年ベストセラー『*The Planet Mars and Its Habitability Conditions*（火星とその住居可能の諸条件）』が、火星を理想郷とし、スキャパレリの仕事について語った。さらに彼は、「火星には、我々地球人より、知的な面と科学技術がはるかに進んだ火星人が住んでいるということを否定するのは間違いだろう。また、自然の川を真っすぐにして、火星全体に循環するという考えをもって、運河システムを構築したことも、我々は否定できないだろう」と書いている。

しかし、時すでに遅し。1893年12月24日、フラマリオンの『火星とその住居可能の諸条件』が、パーシヴァル・ローウェルの手に入ってしまった。ローウェルは、火星人と運河の存在について、最大の擁護者になった人であった。

火星に、知的生命体を発見できる可能性があるという、フラマリオンの本を読んで、裕福なアメリカ人ビジネスマン、パーシヴァル・ローウェルは、火星をライフワークにする決心をした。1894年、アリゾナのフラッグスタッフの近くの山頂に観測所を建設した。これがローウェル天文台で、現在も存続している。それは火星を研究するためで、火星の生命体について、すばらしい発見がすぐにできるだろうと信じていた。

1894年の火星の衝のとき、ローウェルと彼のスタッフは、以前の観測者より多くの運河を地図に書き込んだ。彼は、スキャパレリの海は、水がないと予想して、観測して確かめた。その代わり、この暗い地域は、植生地帯であると結論付けた。

最も影響を与えた本の1つ『*Mars, 1985*（火星）』に、ローウェルは薄い空気とときどき出会えるオアシスを描き、アリゾナ同様の砂漠として火星を描写した。彼が見た、運河の真っすぐさは、火星が水の供給を失った後、火星人が巧みにものを造れるので、火星人が生き残るために運河を造ったことを意味すると解釈した。

しかし、ローウェルには多くの批判があった。大声ではないが、エドワード・エマーソン・バーナードが火星の観測を行い、フラッグスタッフでなされた観測に異議を唱えた。1894年、カリフォルニア州ハミルトン山頂にある36インチ(91.44 cm）のリック屈折望遠鏡を使って、バーナードは火星の観測を行ったが、運河など全く見えなかった。しかし、ローウェルはそれにも屈せず、山と高原が見え、サータス・メイジャーは、植生の地域の終焉を迎えたものであろうと指摘した。

ローウェルの最も手強い反対者は、ウジェーヌ・アントニアディであった。彼は、ギリシャ生まれのフランス人天文学者である。1909年の火星の衝のとき、彼は、パリにあるムードン天文台の33インチ（83.82 cm）屈折望遠鏡を使って火星を観測した。この屈折望遠鏡は、当時、ヨーロッパで最大のものだった。運河の代わりに彼が見たものは、繋がっていない尾根の斑紋とクレーターであった。ローウェルと他の天文学者が見て、注文をつけたその特徴は、揺れる大気を通して見た、ただの歪んだ光景であったとアントニアディは言っている。アントニアディは友人への手紙に、次のように書いている。「火星に見えるクモの巣のような特徴は、過去の神話として消え失せる運命にある」と。

このような、はっきりとした証拠を示した反対意見にもかかわらず、ローウェルの言う火星人の造った運河は、1960年代でも生き続けていた。そして、火星上に生命体がいるという考えが、一般大衆に大きな影響を与えた。ローウェルが想像した火星人は、善良な人々であった。しかし、空想科学に現れる火星人は好戦的であった。

火星人を怪物として描いたのは、H. G. ウェルズが初めてであった。彼は、1897年に『*The War of the Worlds*（宇宙戦争）』を出版した。惑星間戦争物語が、地球を侵略する無情な火星人を詳しく描いている。

ローウェル時代の最もよく知られた火星人怪物は、エドガー・ライス・バローズの『*Barsoom*（火星）』シリーズに現れる。それは、地球側のヒーロー、ジョン・カーターについてのシリーズであった。

1920年代、歴史上最も有名なラジオ放送の１つとなったものがあった。1938年10月30日、H. G. ウェルズの『宇宙戦争』の翻案、『火星人来襲』を放送する際、舞台を現代アメリカに変え、臨時ニュースで始め、以後もオーソン・ウェルズ演じる目撃者による、回想を元にしたドキュメンタリー形式のドラマにするなど、前例のない構成や演出と、迫真の演技で放送を行った。その結果、これはフィクションであるという冒頭の警告にもかかわらず、聴取者に本物のニュースと間違われ、パニックを引き起こした。

火星に生命体の存在する可能性はあり、ヨーロッパや太平洋沿岸地方の世情不安も手伝って、人々はニュースをラジオに求めていたので、聴取者は、真剣にラジオに耳を傾けていた。

ソ連は、1960年、火星探査を行う努力を行った最初の国になった。しかし、宇宙船を地球周回軌道へ乗せることに失敗した。その後、何度もトライしたが、失敗続きだった。1964年11月、アメリカが２機のマリナー探査機を打ち上げた。目的は火星への接近探査であった。マリナー３号は失敗に終わったが、もう１機が火星に到達した。そこで見たものが、科学者の火星を見る眼を完全に変えてしまった。

1965年７月15日、マリナー４号が火星表面上空9,846 kmを飛行した。そして、切手サイズの写真を地球へ送ってきた。そこには、運河も知的生命体も写っていなかった。ただのクレーターと平原であった。ローウェルが見て、強く主張したものは、実際は、クレーターの縁の繋がりであった。遠くから見ていたので、ラインを造っているのが、ぼんやりした点に見えただけであった。

火星表面にある隕石の衝突によるクレーターは、かつて知的生命体が生存していたという世界よりも、月の表面に近かった。火星の薄い大気の測定値にも驚かされた。マリナー４号の電波信号は、火星表面の気圧は、4.0から5.1ミリバールであると表示した。１バールは、地球大気の気圧であるので、その何千分の１という値である。マリナー到着以前の予想値は、85から87ミリバールであった。火星は、決して地球のようではないということがわかった。

今日、我々は、火星は、1965年に科学者が発見し、信じたものとは全く違うことを知っている。1965年当時は、もう１つの月だと思っていた。天文学者は、今新しい発見を土台にして、火星の新しい像を作り出そうとしている。

生命体の可能性

近年の火星探査では、火星表面の少なくとも数カ所はかつて、我々が知るような生命体に対して、生命生存可能な環境であり、そして火星表面のその一部は、現在も生命生存の可能性があるという豊富な証拠を供給している。この火星の生命体証拠のパレードは、1970年代初期まで遡る。そのときマリナー

９号探査機が、水の流れた跡にできる風景の素晴らしい写真を送ってきた。これらの写真と、さらに最近の探査機からの高解像度画像が、豊富な地質学的特徴を明らかにした。その特徴は、水の存在を暗示している。突然の大洪水によって造られた風景、水の流れ、川、そして水の持続的な流れによって造られたデルタ、さらに丘陵斜面上の謎の小渓谷と、他の河床のような地形がそれで、それらは地下を流れる水のヒントである。

全てのこれらの特徴は、火星の生命生存可能性の仮説を支持している。何故ならば、それらは、液体の水の存在を必要とするからである。エネルギー源と有機分子の存在に加えて、水は、我々の知る生命体に必要な３つの主要構成要素の１つである。

多分、火星の歴史の最初の数十億年間に、その環境が十分に暖かくて、表面上の大気圧が今日よりもはるかに高い時期があったようだ。今日、火星の平均気温は氷点よりはるかに下で、大気圧も地球のものと比べると100倍近く低い。地下の氷と氷河の融解、あるいは降雨が、相当量の液体の水をつくり出し、その水が、地質年代の長い期間に、このような地形をつくり出したようだ。

あるいは多分、火星の気候は短い期間、そしてもっと散発的な出来事である稀な大きな隕石衝突の結果、あるいは増加する火山活動のときどきの休止時のような期間に、温暖であったようだ。このような期間に、地表の氷は融解して地上の水を形成し、地中の生命生存可能環境を育んだ可能性がある。火星表面には、比較的新鮮に見える小渓谷や、幾つかのクレーターの縁と、他の峰の季節によって変化する斜面の層がある。それらに異議を唱える人もいるが、生命生存可能性の証拠を提供している。その地上の水は、依然として幾つかの場所で動いているようだ。これは内部の地熱、あるいは幾つかの他のエネルギー源のお陰である可能性がある。また、それらが生命生存可能環境を創り出す、もう1つの主要な構成要素でもある。

火星が生命生存可能であったか、あるいは依然としてそうであるかどうかを学ぶことは、過去数年間の火星の天体生物学的探査の主要焦点であった。その答えはイエスであるようなので、将来の火星探査の焦点は、その明らかな追加質問をする方向に向かっている。その質問は、火星にかつて生命体はいたか、そして現在生きている何かがいるのかである。

ヴァイキング探査機

1970年代、ツインのヴァイキング探査機が、火星上に生命体が存在するという仮説をテストした。ヴァイキング探査機は、着陸には安全であり、地質学的には知られていない場所に降りて、そこで、細かい塵と土壌をすくい上げ、その物質を使って実験を行った。

そのときわかったことから、その関係科学者チームは、次のような理にかなった可能性を示した。それらは、火星環境は、地表で有機分子を破壊するプロセスを保有しないという可能性と、ヴァイキング探査機着陸地点は、生命生存可能であった、あるいは現在もそうであるという可能性である。

ヴァイキング探査機生物学実験は、生命生存可能性はない、あるいは不明瞭であるという結果に終わった。これは数十年間、火星の生命体に期待していた多くの科学者を失望させた。しかし、その後のミッションによる発見が、ヴァイキング時代の生命体探査のいずれの想定も、妥当ではないことを示した。本質的にいずれの着陸地点も、過去あるいは現在の生命体の存在、あるいは過去の生命体の保存のいずれかに対して、可能性の高い場所であるという、特に強い地質学的、あるいは構成物質的証拠を示さなかった。

加えて、ヴァイキング探査機とその後のミッションによる発見は、太陽からの高エネルギー紫外線放射が、連続的に火星表面に降り注ぎ、有機分子を分解するばかりでなく、火星表面の土壌と塵が、強い酸化化合物で覆われていることを明らかにした。その強い酸化化合物は、2008年のPhoenix Mars Lander（フェニックス火星着陸機）関係科学者チームによって、過塩素酸塩（エステル）であることが確認された。この化合物も同じく有機分子を分解する。

これらの発見は、火星の生命体探査に新しい2つの道を拓いた。最初に科学者は、その地質学と構成物質が、かつて生命生存可能であった、あるいは現在もそうであることを暗示する場所を探す必要がある。次に、研究者は、探査方法を考案する必要がある。それは有機分子に厳しい、現在の火星表面環境にほとんど、あるいは全く晒されていない表面下から、物質を採取することに焦点を絞った方法をとることである。ヴァイキング探査機以来、十数回以上の成功裏の周回機、着陸機、そしてローヴァーミッションからのデータをシフトさせて、地質学者、地質化学者、そして鉱物学者は、このアプローチを使って火星上の生命体探査を再開する手助けをした。

それらのミッションは、ヴァイキングミッションと初期の結果を基礎にして科学者が知ったことを超えて、可能性のある生命生存可能環境の多様な範囲を確認した。特に研究者は、過去と現在の環境的条件を、表面の構成物質の詳細な計測から理解できた。

詳細な写真は、火星の堆積岩が、豊富な驚くべき堆積と侵食の歴史を経験したことを明らかにした。実際、これらから、科学者は火星の生命生存可能性の、さらに深い理解を得ることができた。

ローヴァーの活躍

火星上の生命体探査に特に関連したのは、３台のNASAのローヴァーである、スピリッツ、オポチュニティー、そしてキュリオシティーだった。各ローヴァーは、砂岩、あるいは他の細かい粒子の堆積岩の層として出現した鉱物を発見した。それらは、これらの岩石と地上の水、あるいは地下水の間の密接な関係を指摘している。

例えば、当初は、干上がったグゼフクレーターの火山性平原を探査したが、その探査を数年間行った後、スピリッツローヴァーは、さらに４年以上を費やして、水が変えた酸化鉄、炭酸塩、そして水和硫酸塩と二酸化珪素を発見した。それらは多分、熱水による環境に関係した場所にあったようだ。科学者は、これらの場所は、ワイオミング州イエローストン国立公園の周辺の、ホットスプリングと、ある意味で同じであると考えている。液体の水、豊富な熱とエネルギー源、そしてひょっとしたら有機分子によって、グゼフクレーターは、確かに可能性を秘めた生命生存環境を持ったとして評価できる。依然として、地表、あるいは地下は、今日も生命体存在の直接的な証拠はない。

オポチュニティーローヴァーは、メリディアニ・プラトーの平坦でクレーターのある平原を、14年以上に亘って動き回り関連した発見をした。科学者は、豊富な地表の水と地下水が、以前に存在した火山岩を変えた証拠を発見した。そして、発見された特定の鉱物が、ローヴァーの道筋に沿って、何か酸性のものをさらに特有の淡水に変えたことを示した。地下を探査したとき、クレーターの壁を使って、そのローヴァー関係チームは、メリディアニの水に関する過去の記録は、数十から数百メートル地下まで広がっていることを発見した。これは、その環境が、地質年代の相当長い間、生命体が存在可能であったことを暗示している。しかし、オポチュニティーは、絶滅した生命体、あるいは現存する生命体についての、特有の証拠はまだ発見していない。スピリッツのように、このローヴァーも有機分子を詳細に分析することができる機器を搭載していなかった。

キュリオシティーミッションも、火星表面と浅い地下の生命体の証拠の探査のため、最も野心的な努力を続けている真っ最中である。2012年以来、このローヴァーは、ゲールクレーター内の粘土、硫酸塩、そして酸化鉄を含む相当量の堆積物を探査してきた。キュリオシティーは、化学的、鉱物学的、そして有機物の高性能探知機器と、地下最大5cmまで貫通できるドリルを搭載している。そのローヴァーは、侵食した地形を探査した。その地形には、幾つかの堆積層が、比較的最近露出する前、多分数十億年間埋まっていた。これらの層をドリルして、サンプルを採取することは、火星上の他の場所より、遥かに長く多くの有害な紫外線照射と、酸化過塩素酸塩から保護されてきた物質を、研究する方法を提供する。

実際、キュリオシティーの機器は、比較的単純な固有の有機分子を発見した。それらは、隕石衝突、あるいは紫外線照射から、少量の有機分子を創造できる大気のプロセスによってもたらされた有機物に関係している。依然として、キュリオシティーのドリルが、穴を掘るときはいつも、その科学者チームは、生きている、あるいはかつては生きていた生物体からの、保存された複雑な有機分子の驚くべき証拠を発見している。キュリオシティーミッションは、組織的な火星上の生命体探査に対して、これまでにない科学者の最良の努力を見せている。

生命体探査将来計画

次の探査は、2020年に始まった。NASAのパーサヴァランスローヴァーが、2021年2月18日ジェゼロクレーターに到着した。そのクレーターは、美しく保存された河川三角州が、かつてその堆積物を浅い海に流した古い海盆である。地球上では、このような三角州は、穏やかな下流への流れによって運ばれた、有機物質や化石さえも保存される最高の環境である。このような環境を探査し、三角州の層にドリルすることによって、科学者は、過去、あるいは現在の火星上の、生命体の証拠を発見するチャンスを最大にするだろう。

NASAはジェゼロクレーターで、ドリルによって火星上で採取したサンプルを、数十個のコアチューブに入れて保管することを考えている。そして2020年代後半、未来のローヴァーがそれらを収集して、火星軌道上にそれらを入れたカプセルを打ち上げ、別の周回機がそのカプセルを捕獲して、地球に持ち帰る予定である。少し戻って、我々が現在火星上で行うどの実験よりも、遥かに精巧な実験室で、それらのサンプルの複雑な有機分子の非常に微妙な兆候、他の可能性のある化合物、あるいはアイソトープ生命体兆候に対する反応を見る。このような火星サンプルリターンミッションは、火星の生命体探査の次のステップである。

2020年代を超えると、NASAとスペースＸは、火星への有人ミッションを考えている。このような試みでは、中緯度地域がターゲットになる可能性が高い。そこには、十分な太陽光があるので、十分な電力が供給でき、地下水が容易に採取できる可能性がある。だから、短期間の滞在を保つ手助けができる。表面の氷の存在と、過去、あるいは現在、地下水に関係できる可能性が、このような場所がまた生命生存可能であることを意味する。そのような種類の環境の中に、関係したことへの専門的知識、直感力、そして地下にアクセスできる広い能力を持った、有人探査を送り込むことは、火星の生命体探査の、次の大きな飛躍を示すだろう。

インサイト・ミッション

十数機の探査機が火星表面を探査したが、インサイトは初めて火星内部をターゲットにした。

火星は、月のように死んだ世界であるのか。それとも、地球のように活動的で、生きた岩石でできた惑星であるのか。この問題の答えを探るのが、インサイト・ミッションである。Interior Exploration using Seismic Investigations, Geodesy, and Heat Transport（InSight：地震研究、測地学、そして熱伝導を使った火星内部の探査）を短くしたものがインサイトで、そのインサイトは、地表の1つの視点から、火星の深い内部を調査するように設計されたミッションである。

インサイト打ち上げ前には、惑星天文学者は、火星の内部はどのようになっているのかについて、初歩的な知識しかなく、その活動レベルについては、幾つかの大まかな推定しか持っていなかった。太陽系における岩石でできた惑星の中の、一般的な同様性と以前のミッションによってもたらされた、火星についての基礎的な物理的、構造的、地質学的、そして他の情報を基礎にして、研究者は、火星の内部は、地球内部のように層状に分かれていると推測した。つまり、その内部は核、マントル、そして地殻に分割されていると。

1990年代中盤、NASAのMars Global Surveyor Orbiter（火星全体探査周回機）ミッションは、この仮定を支持する鍵を握る情報を提供した。その探査機の磁気計が、火星表面のある部分の上にある岩石内に、強い磁場を計測した。科学者は、これらの徴候は、かつて惑星全体に広がる磁場の名残であると推定した。それは、多分地球のものと何らかの共通点があるようだ。地球磁場は、核から立ち上がっている。この部分的に溶解した、非常に伝導的な鉄のスピンするボールが、強い磁場をつくっていて、核から宇宙空間まで広がっている。その磁場が、有害な放射線から地表を遮蔽する手助けをしていて、ここで生命体が誕生し、繁栄することができた。火星もかつて、部分的に溶解した核を持っていて、同様に役立つ火星全体に広がる磁場を生み出していたのか。

火星内部が、層状に分割されていることを暗示する、もう1つの鍵となる証拠は、Mars Pathfinder（火星パスファインダー）とそれに続くミッションが、火星表面から送ってきた電波を追跡することからきている。着陸機とローヴァーは、少し揺れて自転している惑星から電波を送信している。それらの小さい揺れは、火星が一様な球体ではなく、質量と密度において、内部に変化があるという事実からきている。それらの揺れに関係した、電波振動数内のわずかな変化をモデル化することによって、惑星物理学者は、内部変化の原因を推測することができる。例えば、パスファインダー電波信号を追跡した科学者は、火星は密度が高く、大部分が鉄である核を持ち、それが火星の中心から外部に、火星半径の40%から60%の間のところまで広がっていると推測している。

しかし、その核は、依然として少なくとも部分的に溶解しているのか。火星も、巨大な量の内部の熱を持っているのか。地球のような熱力学的用語でいう高熱流を持っているのか。そして、その熱は、同時に起こる地質学的プロセスを引き起こしているのか。火星は、今日惑星規模の磁場を持たない。それが、火星の核は固体ではなく、その内部はもはや活動的ではないという議論を引き起こしている。

高熱流に反する他の議論は、最近の活火山、あるいはホットスポットの証拠の欠如と、過去、あるいは現在のプレートテクトニクスに対する確固とした証拠不足を主題にしている。地球の地殻は、十数個の大きなテクトニックプレートに分かれている。このプレートは、お互いと比較すると動いている。それが、大部分の地震と火山活動を引き起こしていて、地球内部の熱を放出する中で、重要な役割を果たしている。しかし、軌道上から、火星ははっきりとした内部の地質学的活動のない、1つのプレートからなる惑星に見える。表面観測は、この仮説を証明できるか。

スピーディーで、比較的問題のなかった6カ月半の火星への飛行の後、インサイト探査機は、2018年11月26日に火星のエーリューシオン地域に着陸した。

着陸するとすぐに、カメラは写真を撮り始め、Temperature and Winds for InSight（TWINS：温度と風インサイト）気象学パッケージの中の1つの機器が、火星の気象データを収集し始めた。しかし、その着陸プロセスを成し遂げるために、3カ月以上かかった。それは、インサイトの鍵である、地球物理学的機器の多くが、火星までの飛行の間、着陸機のデッキにパックされていたからだ。正確に機能するために、Instrument Deployment Arm（IDA：機器搭載アーム）が注意深くパックを解除し、火星の岩石状の表面に接触する必要があった。

ある意味で、２月28日にインサイトミッションがやっと始まったと言ってよい。内部構造を知るための地震実験が、最初の火星の地震を４月６日に探知した。しかし７月初頭の時点で、まだ２つ目の地震を計測していなかった。最初の地震の規模は、マグニチュード2.0から2.5の間だった。それは、地球上で起こっても、人間が感じないくらいの揺れだった。火星上の明らかな静寂にもかかわらず、地震計は快調に機能していて、25ピコメーターの地面の動きも探知できた。１ピコメーターは、水素原子の直径のちょうど20％に当たる。内部構造を知るための地震実験の高感度は、その科学者チームが考えた、多くの塵旋風や他の種類の低周波の大気の撹乱のようなものの効果を記録した。それらは、超低周波として知られていて、その地震計の上を通過する。

内部構造を知るための、地震実験の最初の数カ月の探査において、探知された火星の地震の少なさは、すでに地球の内部と同じような地震的活動を、火星の内部がしているという可能性を消し去った。予期しなかったわけではないが、そのチームは、引き続くモニターが、火星は月と同じくらい活動がないかどうか、あるいは地球と月の間くらいの活動かどうかをみようとしている。インサイトは、これを分類するために、多く時間を持つ。この当初のミッションは、火星年1年、あるいは地球年2年続く。

熱流物理学的特徴のモールも同じように探知しなかった。このモールは「モグラ」というニックネームがついた小さい探査機器で、火星の地下5mまで打ち込んで、火星の熱流と伝導性を計測する。表面を掘り始めたすぐ後、そのモールは、表面下30cmのところで止まってしまった。それは、多分十分な摩擦を土壌が供給できなかったか、あるいはその機器が1つ、あるいはそれ以上の岩石にぶつかったかである。そのチームは、その問題を分析し続けていて、その機器がうまく機能するような方法を考案することを望んでいた。そのモールは、上質の熱流計測を行うために、さらに深く掘り下げることが必要であった。

一方、温度と風インサイト気象学の機器は、未曾有の火星気象レポートを毎日行ってきた。それは塵旋風を発見し、毎日着陸機の上を通過する十数回の小さい大気の撹乱を探知してきた。

その機器の大気圧センサーは、地震計も探知した多くの同じ低周波が生み出す、小規模の大気の渦巻きを観測した。これらの大気の渦巻きの大部分は、カメラで捉えられるような目に見える塵旋風は生み出さない。しかし、全体的にみて、新しいクラスの大気の撹乱を示している。塵のない旋風であって、インサイト機器は、それらを初めて研究できた。

科学者は、同時性の気象計測と、火星の大きな衛星フォボスとダイモスが、太陽を食する時の画像を撮った。それらの衛星の影は、このイベントの間の小さい気温低下と、光の低下を生み出した。それは30秒以下の継続時間だった。

そして、もちろん着陸機と機器搭載アームカメラは、その機器をモニターする画像を捉え、エーリューシオン地域の地質学的状況を理解し続けた。数個の小さい遠方のクレーターの岩石状の縁が、そこの風景に散りばめられ、塵物質が、科学者が窪みと称する、さらに小さい近隣のクレーターを満たした。その着陸機は、非常に平坦で岩石の少ない、彼らが望んだ場所に降り立っていた。岩石のカバーは、表面の４％以下である。

たとえ、インサイトが、鉱物学、あるいは地球化学の機器を搭載していなくても、その画像だけで床岩表面は、無数の隕石衝突時代による数十キロメートルの深さまで、割れて粉々になった火成岩が起源であることが確認できた。この物質は、多分玄武岩を含むようである。それは、大部分の火星の岩石がそうで、普通、ハワイやアイスランドで見られる溶岩流である。地質学的に見ると、インサイトの着陸地点であるエーリューシオン地域は、グスタフ・クレーター内のスピリッツ着陸地点だけでなく、高地の北の平原内の、フェニックスミッション着陸地点と共通のものが多いことがわかった。

インサイトの全搭載量は、２、３カ月後にやっと機能するようになった。しかし、そのミッションは現在の火星気候について、重要な気象学的発見をすでに行っていた。そして、モールを除いて、全ての主要機器の成功裏の配備で、そのミッションが、同様に、歴史的な地球物理学的発見をするようにステージは整った。後は、火星が協力するだけだった。

最初の火星の地震が教科書に入って、さらにどのくらい多くの発見があるのか。そして、これらは近隣の隕石衝突の結果か。あるいは依然として活動的なマントル、あるいは核、あるいはその両方の深い内部の撹乱の結果なのか。火星は月のように死んだ世界なのか。あるいは内部の活動がある生きた世界なのか。来るべき数年間に、科学者は多くの地震を記録することを期待した。彼らは、火星の内部構造について、何を明らかにするのか。あるいは、火星がかつて豊富な火山活動があり、今は弱くなったが、強かった磁場を持っていた頃について、これから科学者は何が学べるのか。

そして最終的に、インサイトから他の見地はくるのか。火星の最新の興味と発見が、今始まったばかりである。なお、モールについては機能しないという結論に達し、ギブアップした。

火星の統計値

質量：0.11地球質量
直径：6,790 km
太陽からの距離：1.52 au（1 au は太陽と地球の間の平均距離）
平均表面気温：20℃〜−153℃
自転周期：24時間37分
公転周期：687地球日
衛星：フォボスとダイモス

第9章　小 惑 星

小惑星の形成

最初、太陽系は単なる太陽系星雲であった。それは、中心に輝き始めた太陽の周りを回る、ガスと塵の崩壊した円盤であった。その星雲の中で、粒子が、手当たり次第ヒットしてくっついた。これらの混合物が、お互いに衝突し、雪だるま式に大きくなっていった。それらが成長するとき、その重力も増加し、それらがキロメートルサイズに達したとき、微惑星になり、近所にある微惑星を自分の方へ引っ張り込んだ。その微惑星の引っ張りが、より多くの大衝突の原因となり、大きな天体を形成した。太陽系の小さい一片が結合して、原始惑星として知られている惑星の胎芽になった。これら惑星の胎芽のいくつかが、幸運にも十分大きく成長して一人前の惑星になった。それらの名前は、今日、我々には馴染み深い。

しかし、大多数の天体は、その呼称から「原始」という文字を取り除くことができなかった。できたての木星が成長し始めたとき、小さい原始惑星から物質を盗み取り、漂っている岩石を従えた。だから、それら同士の衝突が少なくなった。そして無作法にも、他の天体の大多数の進化を妨げた。それらの無数の天体は、準惑星から塵の粒子までの範囲で残ったものであるが、その数は巨大な数字であった。太陽から1光年以上に亘って広がったオールト雲は、数兆個のこのような天体を保持している。そのオールト雲が、長周期彗星の起源であり、巨大惑星の重力の影響で、すべて太陽から遠い軌道を公転している。海王星軌道、及びその軌道を越えたところにある、氷状天体の集まりをカイパーベルトと言い、ここにも1,000個以上の知られた天体が集まっている。約44万個の知られた小惑星が、小惑星帯に存在し、小惑星帯内の天体の合計数は、数百万に達するようだ。一口で言うと、太陽系は、惑星とは言えない、そして原始的でない大きな天体で満たされている。その中に2つの質量の大きい小惑星がある。それが、小惑星番号1のセリーズと小惑星番号4のヴェスタである。この2つの天体は、惑星になれなかった、いわば敗者と言っていいだろう。

なお、小惑星番号1は日本では「ケレス」と呼ばれているが、英語を聞くと「セリーズ」と聞こえる。本書の方針も英語で天文学に接することを目標にしているので、本書では「セリーズ」と記載する。

ドーン探査機

太陽系が始まって200万年から300万年後、セリーズとヴェスタは、すでに形成されていた。両方とも、初期の太陽系のコマ止めと言って良いようだ。コマ止めとはDVD等を再生中、ストップモーションにした状態を言う。この両者を研究することによって、科学者は、太陽系進化の1つの段階をみることができる。研究方法としては、コンピュータシミュレーションを行うだけであるが。ヴェスタは、22kmの高さの山と地球上の何よりも深いクレーターを持っている。科学者が、ただぼんやりとした映像だけを見ていたセリーズは、同様の、極端な地形を持っているようだった。セリーズとヴェスタの質量の合計は、小惑星帯全体質量の3分の1を占める。

NASAのドーンミッションは、セリーズとヴェスタの両方を探査することを目的とした。ドーン探査機は、2007年に打ち上げられ、4年の年月を費やして、乾いた岩石の多いヴェスタへ向かった。この探査機は、14カ月間、ヴェスタを公転し、高解像度の画像を撮った。科学者は、それらの画像を使って、渦巻いていた塵の円盤と、現在の太陽系の間の溝を埋めようとしている。2012年9月5日、ドーン探査機はセリーズへ向かった。一方、科学者は、ヴェスタにおけるドーン探査機の観測結果を結合して、岩石からなる惑星がどのようにして形成され、地球における岩石上の生命体を現在維持している水を、どのようにして獲得したかを説明しようとしている。

太陽系の中の、数百万個の小惑星、原始惑星、そして準惑星の中から、科学者が、セリーズとヴェスタを選んだ理由はいろいろある。この2つの小惑星のサイズから、他の小惑星よりも、惑星まで成長する過程をたくさん経験したことがわかるからである。また、それらは比較的近距離にある。少なくとも、カイパーベルト天体と比較すると近い。そして、多分一番魅力的なことは、この2つの小惑星が、お互いの対照性を表していることである。

セリーズは氷状で原始的、一方、ヴェスタは隕石の衝突によって吹き飛ばされた、荒涼とした乾いた平原と、ずっと前に消えた溶岩の海によって滑らかにされたところがある。この2つの天体が、両方とも、小惑星帯内で形成されたとしたならば、どのような過程を経て、このように異なった状態になったのか。この違いが、ある惑星と衛星の間の違いに反映している。岩石でできた地球型惑星、そして、太陽系の外部にある氷状の衛星との中間の天体として、セリーズとヴェスタから学べる。

ドーン探査機関係科学者の主な動機は、太陽系内で生命体に関係すると考えられている水について、そして、地球のような惑星が、どのようにして形成されたかについて、さらに多くのことを知ることである。科学者はまだ、次の2つのことを知らない。どのくらい多くの水を小惑星はロックしているのか。物質が小惑星上にいつ現れるか。言い換えると、小惑星のような天体から、惑星のような天体へ、物質はどのようにして動くのか。セリーズは水を豊富にもち、ヴェスタは豊富ではない。しかし、ヴェスタはそれほど貧弱ではない。その水の起源と、如何にして水を溜め、長い間保存できるかは、小惑星帯と、多分すべての地球型惑星を理解する上でたいへん重要であるようだ。

水の出現、保存、そして移動は、ドーンミッションの中心的なテーマである。それが、今まで存在してきた場所に、太陽系から如何にして来たか、という問いになる。

ヴェスタ

ドーン探査機の水素探知機器が絶え間のない発見をした。ヴェスタは乾いているという、科学者の予想にもかかわらず、ドーン探査機はヴェスタの表面上に、水分子に限る化合物である含水の物質シグナルをキャッチした。その探査機はまた、地下の氷の証拠も見つけた。ヴェスタの明らかな湿気は、他の太陽系の水の謎に対する、解読のベルかもしれないと考えられている。ヴェスタの上で、このような物質が生成されるプロセスは、太陽系内部への水の分配に原因があるに違いないと専門家は考えている。もし、ドーン探査機関係科学者が、岩石の多いヴェスタが、何処でその水を得たかを見つけ出したならば、地球もまた、如何にして水を得たかを知ることになるかもしれない。兄弟として、髪の毛の色、身長、それに体重は違っていても、地球とヴェスタは、同じ環境で育てられたようだ。

水を「如何にして」得たかという問いに対する答えは、元来、水を「いつ」得たかという問いの答えに繋がっている。そして、科学者は、ドーン探査機を使って行った結果と、地球からの観測結果を結合することによって、その「いつ」について学んだ。ドーン探査機は、地球からヴェスタへ飛行したが、ヴェスタの破片が、地球へ飛んで来ている。科学者は長くhowardite-eucrite-diogenite（ハワーダイト・ユークライト・石質隕石）と呼ばれている、ありふれた隕石のタイプは、ヴェスタが起源であると考えてきた。ヴェスタは、その南極部分から噛み切られた巨大な岩石の塊がある。科学者は、その噛み切られ宇宙へ吹き飛んだ部分を拾い集め、その穴へ詰め返したら、ジグソーパズルの一片のように、その穴を正確に塞いでしまうと推測している。ヴェスタが失った部分は、505km幅で、この部分を失っていないときのヴェスタの質量の1%に当たる。このクレーターの底から、縁の最上部までの距離は、14kmになり、エヴェレスト山より高い。

レアシルヴィアと呼ばれているクレーターは、別の、さらに古い、ヴェネネイアと呼ばれるクレーターの中に埋め込まれている。両方のクレーターは、過去のある時期、宇宙から来た相当大きい岩石とヴェスタが衝突したとき造られた。この衝突のあったとき、ヴェスタはすでに大きくて密度も高かったので、ぶつかって来た岩石と合体しなかった。その代わり、その衝突が、ヴェスタに巨大な裂け目を残した。それが、現在、クレーターと凹地として現れている。このときの衝突で、大量の岩石が、宇宙へ飛び出した。レアシルヴィアの場合、210万km^3が飛び出したと考えられている。

それらの小石のいくつかが、最終的に地球へ飛来したに違いない。科学者は、ほとんどすべての地球の地質年代に、地球へ降って来たハワーダイト・ユークライト・石質隕石が、その証拠であると信じている。ヴェスタ自体のように、その隕石も原始太陽系星雲が凝縮し始めたすぐ後、形成されたようである。それは、その構成物が原始的であることを意味する。ドーン探査機によるヴェスタの分析結果から、ヴェスタは、ハワーダイト・ユークライト・石質隕石内の物質にマッチすることがわかった。だから、ヴェスタの過去の衝突と、その衝突のずっと後に、それらが地球へ飛来したことが結びつく。

ハワーダイト・ユークライト・石質隕石の分析から、科学者は、ヴェスタの内部は惑星のように層をなした、あるいは分化したに違いないことを学んだ。ドーン探査機がヴェスタを観測する前、地質学者は、ヴェスタの重い鉄は核の中へ沈み込み、橄欖石のマントルを残し、ケーキの上に載ったアイスクリームのように、ダイオジェナイト（古銅天隕石）とユークライトでできた地殻を造ったと推測した。ハワーダイト・ユークライト・石質隕石とヴェスタとの、ドーン探査機による結合が、この地質学的理論が正しいことを確かめた。

宇宙からの隕石による衝突が、またヴェスタの外見を変えた。ドーン探査機からの映像は、すべてのサイズの隕石の衝突によるクレーターで叩かれた岩石の世界を示している。そのクレーターの凹みから広がって飛び散り、固まった物質が放射線状に広がっている。これらのクレーターの年齢も様々である。それは太陽系誕生以後、数多くヴェスタを隕石がヒットしたことを意味する。

隕石の衝突が起こると、ヴェスタの内部の物質が、衝突して来た物体の物質と結合して地表へまき散らされる。あるクレーターは特に深い。何故なら、そこに固定されていた水の氷が、衝突のとき熱せられ、固体から直接気体になる昇華が起こったからである。このような隕石衝突の後、ヴェスタ表面全域は、100ｍから数キロメートルの厚さの破片による層をなしたシーツで覆われた。ヴェスタは、このように、外部からの攻撃に耐えて生き抜いた、ただ１つの小惑星である。だから、新鮮な剥離された外装をもった、ただ１つの小惑星でもある。

ヴェスタの地表は、一様な蒼白に欠けていることを示した。明るい地域と黒い地域が、斑点を付けたように地表に並んで延びている。それらについて科学者は、次のように確信している。明るい物質は、クレーターの周りの線状に広がったところに現れていて、ヴェスタの元来の物質である。しかし、ドーン探査機によって、黒い物質はほとんど炭素で、地質学的特徴として、はっきり現れる代わりに、至る所で発見された。凹みの中の黒い物質は、集中したり分散したり、また大きかったり小さかったりする。この地理学的な多様性から、黒い物質はヴェスタ上へ降って来たと考えられる。

ヴェスタの表面で黒いところには、水が豊富にある。その黒さは、炭素質コンドライト隕石の黒さにマッチする。この炭素質コンドライト隕石が、地球上ではありふれた隕石で、幾人かの科学者は、この隕石が最初に地球へ水をもたらしたものであると考えている。もし炭素質コンドライト隕石が、ヴェスタをヒットし、同じ場所に黒いマークを付け、水を残していたならば、同じプロセスが、地球上でも起こった可能性はある。

奇妙なことに、ハワーダイト・ユークライト・石質隕石は、水、あるいは他の揮発性化合物の形跡を示さない。これは、この隕石の分子は、レアシルヴィアができた後で、ヴェスタに来たに違いないことを意味し、地球上のものとタイムラインがマッチする。

新しい結果から、ヴェスタの地質は、他の小惑星よりも、月や地球型惑星によく似ていて、大きい小惑星と言うより、小さい惑星と言った方が良いようだ。

また、ドーン探査機のクローズアップ写真には、火星やアフリカのリフトバレーに見られるような、ヴェスタの凹み、丘、そして渓谷がある。このような地形の特徴が、この奇妙なヴェスタに一度は水が流れ、岩石を浸食し、そして蒸発したことを暗示している。

なお、セリーズから地球に来たと断定できる隕石は１個もないが、近隣のヴェスタからは、16個の隕石が飛来している。

ヴェスタの統計値

質量：2.701×10^{20} kg
直径：468.3 km〜530 km
太陽からの距離：2.36 au（１au は太陽と地球の間の平均距離）
平均表面気温：−50℃
自転周期：5.342時間
公転周期：3.63地球年

セリーズ

セリーズは主小惑星帯の中に入る。主小惑星帯は、木星軌道と火星軌道の間で、太陽の周りを公転するドーナツ型の岩石の帯である。その一番大きいメンバーとして、セリーズはほぼ球形である。幅は946 km で、主小惑星帯質量の３分の１近くを占めている。それは、発見された最初の準惑星であり、主小惑星帯の中でも、最初に発見されたものだった。しかし、1801年にジュゼッペ・ピアッツィが発見したとき、その天体は、他の星と同じように光の点として見えただけだった。従って、セリーズと主小惑星帯の天体に、「小惑星」という名前が与えられた。これはギリシャ語で「星のような」という意味である。

他のどの準惑星、あるいは氷状衛星よりも近くにあるけれど、セリーズはあまりにも小さいので、最も高性能の望遠鏡以外では見ることができない。そして、そのような機器でも、数個のピクセルとしてその天体を見るだけである。地球からの観測で、そのスペクトルの中に水の兆候を示した。そして、1つの半球上に不思議な白い点を発見した。

ドーン探査機の調査は、表面に撒き散らされた、塩分の多い鉱物堆積物の古い海の、化学物質を持ったもので覆われていることを明らかにした。セリーズは岩石でできた天体であるけれど、その大部分は多分凍っているだろう。その氷状準惑星であるセリーズは、地球のように岩石でできた惑星と、太陽系の外部地域にある水と氷の球体の間の、いずれともいえない領域にいる中間的な世界である。

普通の惑星のように、セリーズは層状に分かれている。重い岩石と金属が核に落ち着き、軽い氷と岩石がマントルと地殻に昇った。今日、この準惑星の表面は、岩石、水の氷、そして粘土や炭酸塩のような水和鉱物のミックスであることがわかっている。セリーズの大部分は、アスファルトと同じ暗さであるが、その斑点は、ドライブウェイコンクリートに似た、冴えないグレーから地球の極の海氷の輝く光沢の範囲にある。全体として、セリーズは地球からでも見える大きなものと同様の約300カ所の輝く点を散りばめている。

天文学者は当初、眩しい地域は、氷状露出部であると考えていたが、ドーン探査機が、その汚点はエプソム塩と同様の、水和硫酸マグネシウムと炭酸ナトリウムから成ることを明らかにした。炭酸ナトリウムは普通、岩石でできた惑星上の、季節的にできた湖が、蒸発したときに背後に残るものである。セリーズの光輝な地域内の塩は、セリーズを生命生存可能条件を満たす、わずか３つの世界の１つにしている。それらの世界の表面は、炭酸塩を含むことが知られていて、その炭酸塩は、生命生存の可能性を示す兆候である。他の炭酸塩が、豊富にある２つの世界は地球と火星である。

セリーズの塩水の地域は、水が表面付近にあることを証明している。大部分のそのような場所には、クレーターがある。だから、それらは、地下の水を湧き上がらせた隕石衝突の結果であるようだ。露出した地下水は、宇宙空間で直ちに水蒸気になる。セリーズのその場所はまた、塵の多い表面下に、ある時期存在した原始的な海を示しているようだ。重力的研究から、多分、水と泥の混合である薄い海は、今日でも地殻の下に存在するかもしれないことがわかった。

氷は、セリーズ全体で観測された。しかし、セリーズはあまりにも太陽に近いので、氷は表面に安定していない。だから氷が観測されたとき、それは何かの活動の強い兆候であると考えられた。セリーズは、明らかに地質学的にみて、活動的な世界であるとみる専門家もいる。

間欠泉は、塩を運ぶ１つの方法か、あるいはセリーズの内部から表面に水を凝結させる方法かである。光輝な堆積物は、古い氷状火山の場所を表しているかもしれない。そこでは水蒸気が漏れるか、あるいは地殻を通して爆発的に噴出し、地下の帯水層、あるいは海から物質を立ち退かせている。

何かの活動が、現在でも続いているようだ。2014年、ESAのハーシェル宇宙望遠鏡がセリーズ上の２つの異なった場所から、秒速６kmの割合で、水蒸気の雲が逃げ出していることを探知した。この観測から、小惑星帯内の水のプリュームを初めて確認した。科学者は、その水蒸気は、セリーズの表面上で昇華した氷であると考えた。

しかし、ハーシェル宇宙望遠鏡の観測結果は、理解するのが難しい。評価を見直すと、その結果には問題があることがわかった。その一部として、ドーン探査機は、ハーシェル望遠鏡が探知した表面の氷を十分に見ていない。しかし、もしそれが地下の氷ならば、その幾らかは地表を通って湧き上がって来た水の根源だろうと考えられる。

もう１つの可能性は、増加した太陽活動が、ハーシェル望遠鏡が探知した一過性の水蒸気を生成したことだ。太陽はコロナ質量大放出をする。だから、非常に多くのエネルギーの高い太陽粒子が、セリーズ表面に衝突し、そこから水分子を放出したと考えられる。ドーン探査機は、太陽からのこのような高エネルギーの粒子を探知する機器を搭載していて、この可能性を探究できる。天文学者は、地球からの観測と、ドーン探査機によるデータを使った国際協力を立ち上げたが、太陽活動が単純にあまりにも低いので、太陽活動が地表から水を引き出したのかどうかを示すことができなかった。

それにもかかわらず、科学者が残した構図は、セリーズは湿潤な地下を持った岩石でできた世界で、雲やプリュームの中に水蒸気が周期的に滲み出る、あるいは噴き上げている世界であるというものだ。もしこれが正しいならば、セリーズは、至る所に氷状火山が点在しているはずだ。しかし、ドーン探査機のセリーズの最初の探査では、アフナ・モンスと名付けられた、ただ１つの大きな山があることがわかっただけである。

アフナ・モンスは奇妙な形をしている。それはクレーターの多い風景から鋭く突出していて、その一番鋭い側では５km の高さまで延びている。特徴をいろいろ合わせて考えることで、研究者は、アフナ・モンスは火山であるという確信を持った。その山頂は、火星、金星、そして地球のような他の世界で見られる火山ドームのように割れている。その山の側面は、岩石落下で刻まれたように見える。地球型惑星の火山ドームは、山頂でもろい殻を形成する傾向にある。その殻は破れて山腹に見える同様の破片をつくっている。

アフナ・モンスについての全てのことは、その山が地質学的には若いことを示している。セリーズは隕石の衝突から守る大気を持たないので、その表面の多くは、常に落ちてくる微粒隕石の霧雨で浸食されている。その結果が丸い丘と渓谷である。しかし、アフナ・モンスは、ほとんどクレーターがないという鋭い明確さを示している。これは、多くの浸食を経験していないことを暗示している。その若さの最終的な手がかりは色である。氷と岩石の表面は、時間経過とともに黒くなる傾向にある。その原因は太陽放射である。しかし、そのドームは、セリーズ上で最も光輝な地域の１つである。

研究者は、その山頂の年齢は700万歳から２億4,000万歳であると推定している。そのマッシーフ（大山塊または断層地塊）は、非常に速くできた。ちょうど200〜300年から20万〜30万年の間に、3,965 m の現在の高さまで積み上げた。その高度に、それほど速く達することができたようだ。

アフナ・モンスが、依然として氷状火山の溶岩である可能性の強い、厚いドロ状の水を噴出しているかどうかははっきりしない。地質学的に活動的であるという可能性のもとに、研究者は、過去の氷状火山活動の他の証拠を探し始めた。しかし、その探査は困難である。その世界の火山活動の大部分は、２億〜３億年前に起こっているようだ。そして、それは20億年という遠い時代に遡るようだ。時間、隕石衝突、放射、そして微粒隕石が、古代の噴火の証拠の多くを消し去っている。

研究者は、16 km から 86 km 幅を持つ少なくとも21の他の氷状火山ドームを確認した。データは、氷状火山噴火が、平均で過去10億年の間に、100万年ごとに起こったことを示している。しかし、新しい物質が表面上に堆積する率は、地球型惑星と比較すると小さい。そのような惑星より100倍から10万倍小さい。毎年、セリーズにおける氷状火山噴出物の容積は、約9,940 m^{3}である。これは、オリンピックで使う水泳用プール４個を満たす量である。これは、地球の火山活動と比べると微々たるものである。地球上では、溶岩を毎年７億6,500万 m^{3}噴き上げている。科学者はセリーズ上の、他の約20のドームをアフナ・モンスと比較することによって、その流れを計算した。なお、その20のドームは、種々の度合いで風化している。それらの年齢を推定することによって、研究者は、過去10億年間の氷状火山による堆積物の形成の大まかな平均率を得ている。

地球型惑星上において、惑星形成時の名残の熱は、ウラニウムのような放射性元素が崩壊したとき、核の中で生成された熱によって増強できる。惑星が大きければ大きいほど、形成プロセスにおいて、より多くの放射性物質を集めることができた。より大きな惑星は長い間、その熱を保持することもできる。

一方、衛星や小惑星と同様の天体は、形成時のように多くの放射性物質をもはや保持していない。けれどもセリーズの氷状火山活動は、十分に若いようで、核の放射性物質による加熱はあるようだ。何か他のものが進行中である。

ボイジャー探査機が、火山活動は、放射性物質による熱以外の力で起こることを明らかにした。惑星と衛星の間の重力的な引っ張り合いからくる潮汐力による摩擦が、莫大な量の内部の熱を生じることができる。しかし、セリーズの場合そうではない。孤立した世界は、他の天体からあまりにも遠く離れているので、重力的な引きによって、大きく影響されることはない。他の可能性は、水の中の何かに関係することだ。アンモニア、メタン、そして種々の塩が、水の氷の融解点を低くする。セリーズ上の氷状火山のどのような噴出物も、水を含んでいる。その結果、水が流れて氷状火山噴火が、小惑星帯の凍るような温度の中でも起こる。ドーン探査機が、セリーズの表面に炭酸塩とアンモニアを多く含む粘土の証拠を発見した。その観測は、これらの物質を混ぜ合わせた地底の海のヒントを与えている。

なお、セリーズとヴェスタは原型惑星であると主張する科学者がいる。原型惑星とは、その成長を外部からの力によって止められ、準惑星までしか成長できなかった天体を言う。この成長を止めたものは木星で、木星がセリーズとヴェスタがこれから融合しようとしていた物質を吹き飛ばしたと考えられる。

セリーズの統計値

質量：9.393×10^{20} kg
直径：946 km
太陽からの距離：2.77 au（1 au は太陽と地球の間の平均距離）
平均表面気温：−105℃
自転周期：0.378地球日
公転周期：4.6地球年

第10章　木　　星

観測史

木星は夜空で最も光輝な天体の１つである。だから古代人も見落とすことはなかった。バビロニア人は木星観測を記録したが、最近、デイヴィッド・ヒューズと中国人天文歴史家クシー・ゼゾングが、木星の衛星ガニメデは古代の中国人天文学者ガン・デが肉眼で観測記録を残したと提案した。これらの記録は紀元前362年であったので、ガリレオの発見より相当早かったことになる。これは全く非現実的でもない。ガニメデは大きな衛星で、見かけは５等星なので、肉眼でも十分に見える。一番の問題は木星の輝きである。しかし、今日でも、多くの人々が肉眼で、ガニメデを見たと主張している。

肉眼では、木星は、太陽系についてほとんど何も明らかにしないが、1610年に最初に木星に望遠鏡が向けられたとき、天文学史の新しいチャプターが始まった。

望遠鏡観測時代になると、多くの天文学者が、木星に望遠鏡を向けるようになり、多くの詳細について知り始めた。オランダ人天文学者クリスティアン・ヒュイゲンスは、赤道を取り巻く２つの赤道ベルトのスケッチを行った。

1665年までに、イタリア人天文学者ジョヴァンニ・カッシーニと英国人科学者ロバート・フックが、独立して初めて大赤斑を観測した。カッシーニは、その大赤斑を使って、木星の自転周期は9時間55分であることを発見した。彼はまた、木星は、極付近よりも、赤道付近の方が自転速度が速いことに気づいた。この現象は、差動回転として知られている。

1865年、ワーレン・デ・ラ・ルーが、木星の雲の特徴は同じではなく、異なった雲の色を見せていることを示した。19世紀終盤から20世紀にかけて、木星観測は続けられ、大赤斑の追跡観測が行われた。

探査史

1973年と1974年に、それぞれパイオニア10号と11号探査機が、木星の接近飛行を行い、その嵐の多い大気のクローズアップの画像の供給、内部構造の探査、そして内部の強力な磁力線ベルトと磁場を地図に表した。

当初、「マリナー木星土星1977」と呼ばれたそのミッションが、名前の変更を経て、今日、我々がよく知る「ボイジャー」になって打ち上げられた。それは、史上最も長く活躍している宇宙ミッションである。ツインのボイジャーは、良いカメラ、さらに進化した機器、そしてパイオニアより計算能力をさらに強力にした機器を搭載していた。そして、木星の薄い環、新しい衛星、そしてアイオの火山活動を発見した。

1995年に木星に到着したガリレオ探査機は、木星の衛星についてさらに詳しい情報を提供した。ガリレオ探査機は、別の探査機を木星大気内に落とした。それは、大気圧で潰れるまでに1時間生き続けた。その探査機は、多くのデータを収集した。幸運にも、上部大気内の稀な雲のないところに入れたので、これらの雲の層の構成物質について、多くの情報を得ることができた。

カッシーニ・ヒュイゲンスミッションが、途中で木星に立ち寄って、鮮明な新しい画像を提供した。そして現在、ジュノー探査機が、極軌道から木星を探査中である。

大赤斑

小さい望遠鏡で地球から眺めたとき、木星の大気は、交互に明るく白いゾーンと暗い茶色のベルトに見える。これらは、東西に動くジェット気流の目で見える現象であって、そのジェット気流は、赤道から極へと方向を変えて、全てのサイズの卵型天候システムをつくり出す。

ボイジャーの画像処理チームは、同様のサイズの茶色の卵型のペアを追跡し、それらが融合し、でんぐり返り、そして黒い流れを吐き出すのを見つめた。大気のモデルは、このような奇妙な振る舞いを予想できなかった。小さな渦、波、そして荒れ狂う雲が、至る所で激しくかき回されている。そのときの記者会見で、木星は、その大気の動きが、想像以上に複雑であるという発表があった。

木星の最大の特徴である大赤斑と呼ばれる巨大な南部の嵐は、150年間、地球から観測されてきた。しかし、このとき初めて、科学者はその回転を研究し、近隣の特徴と相互に影響し合う大赤斑を見ることができた。地球サイズの惑星が、2個十分に入るくらい大きい大赤斑は、2つのジェット気流の間で回転し、約6日間で1回転を完了する。それは、時計とは逆方向への回転である。これは、地球の南半球におけるハリケーンとは逆の方向であるので、高気圧とみなされている。その雲の最上部は、周辺より8km近い高さまで広がっている。風は、その周辺では時速680kmで渦巻いているが、その内部は穏やかである。そのサイズと位置は少し変化していて、長期の大赤斑探査から、科学において知られた最も長寿の嵐は、安定した縮まりを示していることがわかった。

その後のハッブル宇宙望遠鏡を使った観測結果から、大赤斑の長軸は、1880年代の報告から見ると半分になり、ボイジャーが接近飛行を行ったときより約30%小さくなっている。そして、2014年以来、大赤斑は、オレンジ色の異常に強いシェードに変わってきた。

暗いオレンジから赤煉瓦色の範囲にある大赤斑の色は、太陽光紫外線が、アンモニアとアセチレンに分解するとき、生成される赤みを帯びた色の作用の結果であることが、実験室における実験からわかった。アンモニアとアセチレンは、木星の上部大気内には豊富にあるガスである。大赤斑と小さい嵐内の高い雲は、さらに多くの太陽光紫外線を受け、それらの嵐の回転は、さらに強いシェード内に現れる有色の粒子を保持する手助けをする。科学者は、色とサイズのこのような変化は、嵐の強さに関係すると推測しているが、十分に理解するまでには至っていないようだ。

1998年、大赤斑の南にある雲の帯内の、３個の60年続いた卵型嵐の２つが融合し、2000年初頭に、３つ目の卵型嵐がそれらに融合した。オヴァールBAと名付けられたその融合した嵐システムは、大赤斑の約半分のサイズで、今日もそのまま残っている。2005年８月、アマチュア天文学者が、オヴァールBAが赤みを帯びてきたことに気づいた。その色は徐々に濃くなり、2006年までに、その嵐に小赤斑、あるいは赤斑ジュニアというニックネームが付いた。

ジュノー探査機は、効果的な嵐追跡機で木星の荒々しい天候を追跡することができた。その探査機は、連続的に続く地球サイズのサイクロンを観測した。それらは、真珠のネックレスのように結合していて、2019年12月、偶然にもペアの嵐が衝突するのを目撃した。木星の２番目に大きい嵐オヴァールBAがそれで、2000年に出現した３個の嵐の結合であって、2015年と2016年に深紅からほとんど白色に色を変えた。ジュノー探査機はまた、強風を計測した。それは、木星内部2,900 kmの深さまで達し、導電性物質を剪断している。そして、木星磁場の形状を変化させている。2020年、ジュノー探査機は南アフリカ人天文学者クライド・フォスターに発見された小さい嵐を追跡し始めた。その嵐はクライド・スポットと呼ばれている。

しかし、種々のミッションによる探査にもかかわらず、木星大気について、次のような重要問題は未解決である。何故、そのジェット気流や大きな嵐が、それほど長い間安定して続いているのか。そのジェット気流に対するエネルギー源は何なのか。そして、その風は木星内部にまで吹いているのか。

大気

木星大気最上部は、エタン、エチレン、そしてアセチレンのような複雑な炭化水素によって形成された煙霧の層から成る。このような化合物は、太陽光紫外線によって分裂した、メタン分子の破片が集まったものである。その分裂のプロセスは、地球大気内でスモッグが形成される方法と同様である。約40kmの深さで、大気圧は地球表面の大気圧の60%に達するが、温度はわずか−125℃である。アンモニアの氷の結晶で形成される明るく白い雲の層は、このレベルを維持している。

さらに深くまで入ると、地球表面大気圧の２倍に達し、その温度は−60℃まで上昇する。ここで、アンモニウム水硫化物の飛沫、あるいは結晶からつくられた黄褐色の雲の層に遭遇する。普通、このような雲を通過して見ることはできないが、探査機の機器と理論から、大気圧が約３バールから７バールで、温度が０℃から16℃の範囲の次の雲の層が、さらに冷たいレベルの水の氷の結晶とさらに下の水滴を含むことがわかった。これは、ちょうど地球の雲のようである。しかし、どのような見慣れたものもここで終わる。

探査機の電波信号内の微小な周波数の変化から、科学者は、木星の重力場の構造を地図化できた。これから科学者は、その雲の下に何があるかのモデルを発展させることができた。大気圧と温度は安定した上昇を示すが、水素から成る大気は、深さが増すに従って、密度が濃く高温になる。その雲の下数百キロメートルでは、水素分子が高温な液体に似たようになり始める。そこは、木星の中心までの距離のわずか20%であるが、深さがさらに10倍になると、大気圧は数百バールに達し、温度は5,700℃に上昇する。この温度は、太陽表面とほぼ同じ温度である。ここで木星内部は、液体金属性水素と呼ばれるさらに風変わりな物質に変形する。これは、木星質量の大部分を占める、陽子と電子の電気的に伝導性のあるスープである。

木星の中心までの距離の約80%であるが、約45,000 kmより下へ行くと、その構造が、水、メタン、そしてアンモニアの混合に変化する。そこは、信じられないくらい高温高圧である。さらに7,000 km下へ行くと、木星の中心までの距離の約10%になるが、そこの気圧は4,000万バール付近で、温度は2,200℃に達する。すると、水素分子の電子を引き離し、液体金属水素として知られる電気的に伝導性のある状態に変化させる。そこで、このような物質で満たされた巨大な殻があり、その伝導性のある殻が木星磁場を生成すると惑星天文学者は考えているようだ。

NASAジュノーミッションの主目的の1つは、如何にして太陽系最大の惑星が形成されたかについて、残された多くの問題に答えることである。なお、ジュノー探査機は、2016年7月から木星を周回している。

磁場

地球のように、木星も磁場を生成している。それは、木星の雲の最上部では、地球磁場の強さの約15倍である。その磁場は、その中の荷電粒子の流れを捕まえたり、蓄積したり、コントロールしたりする。そして、磁気圏と呼ばれる巨大な彗星のような泡を形成する。木星磁場は、太陽系の惑星の中で、匹敵するものがないくらい強い。地球磁場の数千倍の強さで、太陽風の中に大きな空洞をつくっている。太陽風は、太陽から出る荷電粒子の流れである。

1950年代の地上からの電波観測で、初めにその磁場を明らかにしたが、科学者が初めて直接それを見たのは、1973年12月のパイオニア10号探査機の接近飛行であった。その探査機は、その空洞が800万km近く太陽側へ広がっていることを示した。そして、それは長い磁気圏尾が木星を越えて延びているかもしれないという推測を生じさせた。磁気圏尾とは、磁気圏のうち太陽風により太陽から遠ざかる方向へ長く延びた部分をいう。磁気圏の放射線は非常に強いので、パイオニア10号とそのツインであり、1年後に木星接近飛行を行ったパイオニア11号の電子機器が、人間の致死量の1,000倍の放射能を受け、多くの回線故障を起こした。

1979年、ボイジャー1号と2号が、磁気圏尾の存在を確認し、その磁気圏尾は、オタマジャクシのように少なくとも土星の軌道から6億5,000万kmのところまで、螺旋状に延びていることを示した。それに続くミッションは、木星磁場に対する科学者の知識を深めた。ユリセス探査機は、1992年、少し木星の極地磁気圏を探査し、ガリレオ探査機は、そのミッションの間に赤道平面を探査し、そしてニューホライズン探査機は、2007年、磁気圏尾の1億6,000万kmを横断した。しかし、木星の磁気圏の動力は、依然として未知のまま残っている。そして、木星の極の上の軌道を飛ぶ唯一の探査機であるジュノー探査機は、最初の惑星規模の磁気地図作成を実行した。

この巨大な磁気圏の地図作成は、木星の深い内部を理解するための２、３の方法の１つである。同時に、この磁気の起源と核の性質も理解できる。木星のパワフルな重力は、非常に強く大気を圧縮している。その大気は、大部分のリモートセンシング技術でも実際に貫通できない。

ジュノー探査機は、ツインの磁力計を搭載している。それを使った磁気計実験は、次の３つの目標をもっている。その３つは、正確に磁場の地図を作る、木星内部の動力を決定する、そして極の上の磁気圏の３次元構造を突き止めることである。この実験で、木星の核において、磁場がどのように見えるかをイメージすることができたようだ。

アイオ

普通でない惑星には、普通でない衛星がよく似合うようだ。そして、木星の４個の大きな衛星は、失望させない。1610年にガリレオ・ガリレイによって発見されたそれらは、木星からの距離が近い順に並べると、アイオ、エウロパ、ガニメデ、そしてカリストになる。これらは「ガリレオ衛星」と呼ばれている。なお、日本では「イオ」と記載されているが、英語に慣れることを勧めるこの本では、英語を母国語とする人々の発音のように「アイオ」と記すことにする。

ガリレオ衛星の中で、一番木星に近い衛星アイオは、信じられないほど色彩豊かで、クレーターによってポックマークを付けられている。しかし、ボイジャー１号の画像をよく見ると、それらは隕石衝突跡クレーターではなく火山だった。さらに、その探査機が最接近したとき、地表には隕石衝突跡クレーターは探知されなかった。これは、アイオの地表が非常に若くて、100万歳以下である可能性が強い。しかし、アイオは最近できた衛星ではない。火山が広く散らばっているので、100万年くらいのタイムスケールで表面が完全に再舗装される。両方のボイジャー探査機は、それらの火山が、数百キロメートルの高さの宇宙空間まで、火山性物質を噴き上げていることを確認した。だから、アイオは太陽系において、地球以外で唯一地表に火山を有する天体であることがわかった。その後ガリレオ探査機が、数百の活火山を確認した。

アイオは、小さいので当初の内部の熱を保持できない。従って、火山活動の原因は外部にある。アイオは、木星によって潮汐力ロックされている。常に同じ面を木星に向けていることを意味し、地球によって月が潮汐力ロックされているのと同じである。普通、潮汐力膨張は１カ所に固定されるが、アイオの場合、隣に２つの大きな衛星エウロパとガニメデがある。これら２つの衛星がアイオに少し影響を与えている。ガニメデが、木星の周りを１公転するとき、エウロパは２公転し、アイオは４公転する。つまり１：２：４の共鳴公転をしている。その影響が、アイオの軌道を少し楕円軌道にしている。つまり、木星の周りを公転するとき、木星に少し近づいたり、少し遠のいたりしている。この動きが潮汐力を生み出し、木星の巨大な質量が、その潮汐力を非常に強くして、アイオの内部に熱を生成している。この熱が岩石を形成している物質を溶解し、さらに多くの火山性物質、主に硫黄を生成して地表に噴き上げている。この硫黄と多くの他の化合物が、地表を斑紋のあるものにしている。だから、まるでピザのように見える。

エウロパ

ガリレオ衛星の中で、２番目に木星に近いのがエウロパである。ここでも、アイオの火山活動を誘発していることと同じ現象が、エウロパの内部を少し温かくしている。その結果、アイオほど派手ではないが、ある意味では非常に興味をそそる。ボイジャー２号が、その滑らかで氷状の表面に、黒い線のネットワークが行き来していることを示した。エウロパの表面も極めて若い。アイオと同じで、過去数億年間に表面が再塗装された。表面の一部に見える黒い線は、割れ目や裂け目で、それらは表面の一部が融解し、再氷結したとき形成された。他の場所では、滑らかな氷の厚切りによって、被せられた非常に複雑な線のパターンを見せている。それでそれらは、「カオスの地勢」と呼ばれている。これらの裂け目や割れ目から、その氷の下に液体の水の層がある可能性が浮上した。その氷が割れて下から水が滲み出ている。この理論は、ガリレオミッションの計測によって強く支持された。エウロパ上に存在する液体の水の海の期待は、表面下の深いところでも、非常に興味をそそることである。結局、地球上で液体の水の存在は、必然的に生命体を意味する。そして、エウロパに生命体に都合の良い環境があれば、多分エウロパの地下の海に生命体が存在する。その生命体は非常に原始的で、微生物以外は考えられないだろうが。もしそれが、地球上の生命体のようであれば、このような生態系は、十分な化合物、特に二酸化炭素を必要とする。これらの化合物は、その海がエウロパの岩石でできた内部に直接コンタクトしていれば、存在する可能性がある。地下の海が2つの氷の層に分かれていれば、その可能性は低いと考えられる。しかし、エウロパの海に生命体が存在したとしても、その海に到達することは容易ではない。大部分のエウロパ表面は、10,000 km から 100,000 km の厚さの氷の層で覆われている。しかし、ある地域は、比較的薄い氷が液体の水の上にある地球上の特徴と似ていることを示している。それが、種々の観測によって確かめられている。

そこで、NASA エウロパクリッパーミッションを立ち上げ、2020年代に打ち上げを予定している。この探査機は、エウロパの周回軌道に入って、9台の機器を使ってその衛星の表面と内部を探究する。最接近時、エウロパクリッパー探査機は、表面上5 km のところを飛行する。これは十分に低い飛行で、間欠泉噴出内を十分に通過できる。搭載された機器が、その間欠泉で噴出された粒子を分析し、遠くからそのプリュームの画像を撮り、それらの構成物質を確認する。他の機器は、新しい間欠泉を探知するために、表面上の熱の兆候を探す。一方、氷貫通レーダーは、その氷の外殻の厚さを計測する。さらに、その内部を探査するために、エウロパの磁場の強さを計測する。これらのデータは、科学者がその海がどのくらい深いか、そしてどのくらい塩分があるかを決定する手助けになるだろう。このミッションは、将来のための知識を集めることを目的としている。そして、最終的には、次のような構想があるようだ。

これは着陸機がエウロパの氷の上に着陸し、氷の層を掘り進む。多分、そこでは搭載した原子力ドリルを使ってその氷を溶かし、融解した水まで到達させる。この調査機は、生きては二度と表面まで戻れないだろう。何故ならば、その調査機の上の水がすぐに再凍結し、封鎖されるからである。しかし、氷を突破したとき、その調査機は、浮氷の迷路の下でランプを点けて、そこを泳ぐ生命体の画像を撮影する可能性がある。

一方、ESA は、JUpiter ICy moons Explorer（JUICE）を2023年４月に打ち上げた。

ガニメデ

ガニメデは、ガリレオ衛星の中で３番目に木星に近い衛星で、太陽系における最大の衛星でもある。直径は5,262 km で水星より大きい。しかし、密度は水星より低く、質量も小さい。エウロパのように、氷で覆われているが、ガニメデの氷は、鉄の核と内部の岩石の上に載っている。

ガニメデの最初の低解像度画像から、２つの全く異なったタイプの地表があることがわかった。黒い物質が地表の約35％を覆っている。隕石衝突跡のクレーターと氷状噴出物の明るい光輪が、至る所に見られるが、ここはガニメデの地質上、一番古い表面である。ガニメデの残りの地域は、溝と峰の込み入ったパッチワークによって相交わった明るい物質を見せている。ボイジャー1号の画像は、溝の線はその明るい帯の幾つかをカットし、表面の動きによって相殺されている。これは、ガニメデの歴史の初期に、その氷状地殻内で、短期間の強烈なテクトニック活動を潮汐力による熱が助長したことを暗示している。

ガリレオ探査機は、1996年、ガニメデが、太陽系でただ1つのそれ自体の永続的な磁場を形成する衛星であることを突き止めた。だから、ガニメデは、それ自体の小さい規模の磁気圏をつくっている。これが、ガニメデの導入した磁場の理解を複雑にしている。しかし、ハッブル宇宙望遠鏡によるガニメデのオーロラ観測とともに、現在の理論は、ガニメデの内部は、塩水の海で切り離された、水の氷の異なった相の殻を含んでいると提案している。

カリスト

カリストは、木星から一番遠いガリレオ衛星で、ガリレオ衛星の中では2番目に大きい。直径は4,800 km以上で、太陽系における3番目に大きい衛星である。ガニメデとタイタンに続いている。カリストもガニメデ同様の構成物質で、岩石が氷で覆われているが、木星からの距離が、この大きな衛星を押し潰す潮汐力からカリストを守っている。

カリストはまた、太陽系において最も多く隕石衝突によるクレーターを保有している。だから、カリストは地質学的にみて、一番古い表面をもっている。その地形は、ほとんど明るい隕石衝突跡クレーターで満ち溢れている。ヴァルハラと名付けられた最も大きな目で見える特徴は、約3,600 km 幅のブルズアイに似た、巨大な隕石衝突跡の凍りついた残骸である。ガリレオ探査機の観測から、現在、カリストでは、ほとんど潮汐力による熱はないようだが、塩水の地下の衛星規模の海の存在を明示している。多分、アンモニアと他の汚染物質が、氷点温度を十分に下げて、液体の層を存続させているようだ。

木星の環

木星の薄い環は、ボイジャー１号、２号が木星に来るまで知られていなかった。土星の環よりはるかに狭く黒い。それらは、約7,000 km 幅の主リングと、それを取り囲む塵の多い内部光輪の環と、ペアの薄い繊細な物質でできた外部の環からできている。それらの位置と砂のような構成物質から判断すると、その環は同じ軌道にあった４個の小さい不規則な形をした衛星から削ぎ落とした破片で形成されたようだ。主リングには、衛星アドラステアとメティス、そして外部リングには、衛星アマルセアとテーベがある。

外部の衛星

大部分が、ちょうど2、3km幅の小さいコブだらけの衛星の群れが、木星の外部衛星をつくっている。これらのちっぽけな天体は、初期の段階で木星の強力な重力によって、多分つかみ取られたようである。そのグループの幾つかの軌道は、時々他の衛星とは逆方向の公転軌道を持つ。これは、それらが大きな天体の名残であることを示している。

ジュノー探査機の役割

NASAのジュノー探査機は、2016年7月4日、木星を回る細長い53日の軌道に入った。その探査機は、未曾有の精密さで、木星の重力場と磁場の地図を作成した。それから科学者は、木星大気の奥深くで物質がどのように動いているかを理解できた。ジュノー探査機はまた、木星の見える雲の遥か下の、100バールを超える大気圧に対する大気の力を計測し、可能性のある木星の固体の核の質量の上限を科学者にもたらしたようだ。

一方、ジュノー探査機の磁気計は、木星磁場の最初の3D地図を作成した。それは科学者に、木星の内部構造に追加的な洞察力を供給する。ダイナモと呼ばれる荷電物質の動きから、木星内部のどこかで磁場を形成することがわかることが期待された。

ジュノー探査機による観測は、木星ダイナモの最も詳細な見地を提供した。地球ダイナモは、地球の中心までの約半分のところにある。しかし、地殻内の豊富な鉄生成物質が、地球軌道からその位置を地図上に表すことを複雑にしている。

巨大ガス惑星である木星上で、我々とダイナモの間に、鉄で生成された地殻は存在しない。そして、そのダイナモは、地球の場合よりも、もっともっと木星表面に近いと研究者は予測していた。当初、科学者は、木星のダイナモは木星中心までの15%から25%のところ、あるいは木星の中心から木星半径の0.85から0.75のところにあると考えていた。さらに最新の考え方は、多分、木星ダイナモは、実際、木星半径の0.93近く、あるいは遠くてもそこまでであるというもので、その場合、それは実際に目で見える表面のすぐ下になる。

このミッションを遂行するために、ジュノー探査機は、木星の極上を飛行した。それは、木星の雲の最上部から4,100 kmのところを通過することになる。細長い極軌道は、木星の強烈な放射ベルトに対する探査機の露出度を制限する手助けになる。しかし、さらに多くの防御は、依然として必要である。だから、ジュノー探査機の重要な電子機器は、放射線を遮蔽する保管室に置かれている。それは、3分の1センチメートルの厚さの壁をもったチタニウムの立方体である。

木星の統計値

質量：318地球質量

太陽からの距離：5.2 au（1 au は太陽と地球の間の平均距離）

直径：143,000 km

平均表面気温：–108℃

自転周期： 9 時間56分

公転周期：11.9 地球年

衛星：少なくとも79個

第11章　土　　星

観測史

土星は、古代から知られた５個の光輝な惑星の１つである。地球から遠い距離にあるので、夜空ではゆっくり動いているように見える。バビロニアには、夜空の惑星を記録した幾人かの天文学者がいた。B.C.650年頃から、バビロニア人の観測は、月に入るように見える土星の現象を記録した。この現象は、月による惑星の星食を表している。古代都市アレキサンドリアのプトレマイオスは、衝の時の土星を調査し、その観測結果を使って、土星軌道の詳細を知る手助けをした。

土星を特徴づける多くの神話がある。ローマ人にとっては、土星は、農業と富の神であった。ローマ人は、「土星の神殿」を建設して、そこを公庫にした。この荘厳な神殿は、ローマ広場のカピトリウムの丘に建っていて、その遺跡は今日も存在する。中国や日本のような他の文化は、土星を「土（つち）の星」と称し、５つの元素で全てが作られていると考えられた、その５つの元素の１つに関係していた。

しかし、土星についての驚きを明らかにするには、望遠鏡の登場を待たなければならなかった。

望遠鏡による観測

土星の環を見るには、少なくとも口径５cm の望遠鏡が必要である。初期の望遠鏡による太陽系観測者は、これよりも小さい望遠鏡で観測していた。だから、土星の見え方に疑問を持ったことが想像できる。解像度が悪いので、画像が全く意味をなさないものだった。次に示すのが、最初に望遠鏡で土星観測を行ったガリレオ・ガリレイの状況である。なお、土星を観測するとき、土星を南から見上げる形、環がエッジオンになって消える形、そして北から見下ろす形の三態がある。それぞれの場合で環の見え方が変わってくる。

1610年７月、今の双眼鏡より解像度の悪い望遠鏡を土星に向けたとき、「土星には巨大な衛星が２個あり、木星の衛星のように動いたりしないで、一定のサイズで同じ位置に見えた」と報告した。次に、1612年に観測したときは、環が消えたことに気づいた。そして、しばらくしてから観測したときは、また大きな衛星が見えたようだ。望遠鏡の解像度が悪かったので、環と土星本体を切り離した形で見えなかっただけである。他の天文学者も、ガリレオと同じように見えたので、困惑したようだ。

クリスティアン・ヒュイゲンスは、1629年４月14日にオランダのハーグデアで生まれた。彼は裕福な家に生まれたので、自由に学問の道に進むことができた。実際、ヒュイゲンスは、何かの才能を持っていた。彼は振り子時計を発明しただけでなく、優れた工作者で、自分でレンズを磨き、望遠鏡を設計した。彼の接眼レンズデザインは、ヒュイゲニアンとして知られていて、現在でも依然として人気がある。

ヒュイゲンスは、自分で作った望遠鏡で、1655年３月25日に土星の衛星タイタンを発見した。そしてタイタンの発見が、土星の環を説明する方法を導いた。つまり、彼と他の観測者が見たものは、薄い平坦な環で、それは土星を取り巻いていて、土星自体とは接触していないと結論づけた。そして、彼は正確に自転軸の傾きに対して、上記の三態を説明した。

1675年、イタリア人天文学者ジョヴァンニ・カッシーニが、土星の環は一様ではないことに気づいた。彼は、土星の環を二分する薄くて暗い線があることに気づいた。その暗い線は、「カッシーニの間隙」と呼ばれ、環の間の正真正銘のギャップである。その後、探査機によって、その間隙は空ではなく、地球上の望遠鏡では見えない岩石や氷を含んでいることがわかった。さらにカッシーニは、４個の土星の衛星、イアペタス、レア、テティス、そしてディオンを発見した。

1774年から1808年までに、ウィリアム・ハーシェルが、多くの土星系の探究をして、1789年に土星の衛星エンセラダスとミマスを発見した。そして、土星の方が木星より扁平であることに初めて気づいた。また、ハーシェルは、土星上に多くの不明瞭なベルトを観測した。そして、1780年、そのベルトの１つの中に、黒いスポットがあることに気づいた。そのスポットを追跡して、彼は土星は非常に速く自転していると推測した。

望遠鏡が改良されて、さらに多くの発見があった。1850年、アメリカ人天文学者ウィリアム・ボンドとジョージ・ボンド父子によって、Cリングが発見された。

土星大気の特徴は、木星大気ほど派手ではない。木星の大赤斑のようなものは土星にはない。その結果、土星の自転周期の推測は困難であった。1876年12月８日、アサフ・ホールが土星を観測し、土星の赤道ゾーンに光輝な白いスポットを見て驚いた。そのスポットは長続きしていた。そこで彼は、このスポットを使って土星の平均自転周期は14時間14分23.8秒と計算した。これは現在の値に非常に近い。

1903年、スペイン人天文学者ジョゼップ・コマス・ソラが、タイタンはディスクの縁に向かって暗くなっていることを知った。これは周辺減光と呼ばれる現象であって、大気によって引き起こされる現象である。1944年、ジェラルド・カイパーが、タイタンのスペクトルを解析して、それがメタンでできた大気を持っていることを発見した。これは最終的に、ボイジャー１号によって確認された。

環構造

土星の環は、土星を決定づける特徴である。遠くから見ると、それらは黄色い巨大ガス惑星を取り巻くヴァイナルレコードのように見える。しかし、カメラを土星に近づけると、そのスムーズなディスクは、それらを離す空間をもっていて、筋また筋に分かれているように見える。それが、1980年と1981年のボイジャー探査機接近飛行によって明らかにされた。そのことから、科学者は、土星の環は小さい氷の粒子でできていて、それらの粒子が土星を公転するとき、お互いにゆっくりぶつかり合っていると考えた。

土星の環が、背後から来る星の光を濾過したときを、カッシーニ探査機の機器を使って見た。すると突然、それらの筋はさらに複雑になる。その粒子が群がって、さらに大きな粒子を形成する。丸石や小さい衛星であるそれらの物体の重力が、その環をコントロールし、さらに小さい粒子を群がらせ、構造物とパターンをつくっていく。そして、環構造は、環の中で数時間内に変化するようだ。

惑星天文学者は、数種の異なった環構造を確認した。来たり、行ったり、再び戻ったりするいくつかの環構造は、「子猫」と呼ばれている。何故なら、それらは、複数の命を持っているようだから。「プロペラ」と呼ばれる他の環構造は、少し内部や外部に移動する。それらは、環の中に埋め込まれた小さい衛星と、環粒子自体との間の、重力的相互作用の結果である。その衛星が、環粒子を払い除けることに失敗したとき溝をつくる。

さらに大きな衛星は、もっと目立った効果をもたらす傾向にある。例えば、直径平均86kmのプロメテウスは、Ｆリングのほとんど端まで移動するので、尾を引くような形になる。数個の他の衛星もまた、その重力による形跡を残す。科学者は長い間、ミマスが、カッシーニの間隙を形成したと考えてきた。カッシーニの間隙は、Ｆリング内の広い溝である。そして、カッシーニ探査機からのデータを分析すると、７個の中間サイズの衛星の重力を結合させて、Aリング外部を散乱させないようにしていることがわかった。

カッシーニ探査機カメラと分光器が捉えた、全てのすごい環構造にもかかわらず、科学者は、依然として疑問を抱いている。その一番大きな疑問は、環組織の質量に関係している。彼らは、ただの知識としてその質量を知りたいとは思っていない。その質量が、環の年齢にどのように関係し、それらがどのようにして形成されたかを知りたいと考えている。

これは重要なことである。何故なら、土星の環は、天文学者が知っている最も近くにある天体物理学的ディスクの例であるからだ。そのディスクは、ガスと塵でできた平坦なディスクで、そのようなディスクから太陽系も形成された。同じではないがよく似ている。そのリング内で、何が起こっているかを理解できないならば、太陽系がどのように形成されたかを知るための、隠れた手がかりをつかめないことを意味するだろう。リング内で起こっているプロセスから、天文学者は、惑星系がどのように形成されたかを知る、価値ある手がかりを得ることになるだろう。

大気

土星の荘厳な環の下には、土星の均等に広がった壮大な雲の上部がある。カッシーニ探査機は、土星の上部大気内に、激しく掻き回し渦巻く雲と温かいガスが、そのガスより冷たい層を通って上昇し、長続きする雷を伴った嵐を起こす場所を発見した。カッシーニ探査機はまた、これらの雷を伴った嵐を分単位で詳細に分析した。そこでは、その嵐が成長するのを目撃し、雷の稲妻から電波の雑音を聞いた。

可視光の写真が、渦巻く大気の素晴らしい画像を捉える中で、赤外線画像は、冷たい雲の上部の下の、温かい地域までを科学者に見せた。そこから、土星の深いところを解析でき、土星がどのくらい平穏な場所ではなく、混乱した活動的な場所であるかがわかった。そして、上部大気内の雲が下から来る熱をブロックすることと、土星の両方の極で、渦巻きと巨大なサイクロンを確認した。しかし、北極だけが六角形のジェット気流を見せている。

その中の１つの嵐だけが、他の全ての嵐から突出している。大白斑が、2010年12月に予期しない状態で出現した。過去140年間の地球からの土星観測から、巨大な長寿命の嵐は、30年くらいごとに出現し、北半球内の雲の帯と、赤道付近の雲の帯の間を行き来することがわかっていた。1876年、１つの嵐が赤道に出現し、もう１つが北半球中緯度で発達し、1933年、１つの嵐が赤道で再出現した。そのパターンは数十年間続き、科学者は、次の嵐は2020年頃現れると予測した。2020年は、カッシーニ探査機が消滅した後である。しかし、偶然にも10年早く出現した。そして、カッシーニ探査機関係科学者は、これらの嵐がどのように発達するかをクローズアップで捉えることができた。

カッシーニ探査機画像カメラは最初、その嵐を12月５日に見た。同時に、別の機器がそれを聞いた。あるいは、少なくとも、その稲妻によって電波バーストが起こったことを知った。同様の現象が地球上でも起こっている。もしあなたが、雷雨のときAMラジオ放送を車の中で聴いていたとすると、多分、雑音のように聴こえるものを耳にするだろう。その雑音は、実際は雑音ではなく、雷の音と雷雨からの電波放射である。そして、それらは光速で伝搬する。このときカッシーニ探査機の機器は、雷の音の中で生成される、大白斑の高周波電波放射を聞いていた。

土星大気内のジェット気流は、北半球の嵐をその雲の帯に沿って運搬した。2011年1月終盤までに、土星を一回りし、南北に15,000 km広がった。その嵐が発達したとき、科学者は、機器を使ってそれを見た。2011年夏、掻き乱され、渦巻き、そして拡大した約200日後、その嵐は消滅し、その大気はきれいになった。

科学者は、カッシーニ探査機に搭載された機器で、その大嵐の発達を見つめたので、何がこのような長寿命の現象を引き起こすのかの明瞭な理論を構築できた。その理論によると、水の豊富な雲と、大部分が水素とヘリウムの軽い大気の間の対流的張り合いが、原因であるという。重い湿度の高い雲は、軽い上部の雲が高密度になって、沈むまで上昇できないからだ。

しかし、この張り合いはマラソンである。その密度が、下の高温で湿った空気よりも大きくなる前に、上部の空気は冷たくなって、熱を宇宙空間へ放射しなければならない。この冷却プロセスには約30年必要だ。そのとき、嵐が来ることになる。一度、その嵐が、その内部の水を全て雨で降らせると、対流は止まり、その嵐も静まる。

磁場

土星は、その周辺にどのように影響を及ぼすか。それについては、土星の磁場を考慮に入れる必要がある。そして、カッシーニ探査機が多くの機器を搭載して、それと、磁気圏と呼ばれる磁場がコントロールする地域を探究した。

土星のそれまでの観測から、土星の極にオーロラがあることがわかった。そのオーロラは、地球の極地で見られるものと似ている。カッシーニ探査機の機器が、オーロラ活動をモニターした。それは、オーロラが生成する電波を探知する方法をとった。同じ方法で、稲妻に関係した電波フラッシュを聴くことができた。それから、そのオーロラがどのくらい強いか、そして多くの活動が続いているのかという質問の答えを得た。その機器はまた、土星の磁気圏とオーロラが、土星が高エネルギー粒子バーストと放射を行ったとき、どのように変化するかをモニターした。

しかし、土星がその磁場をどのように生成したか。それを知るために、科学者は、カッシーニ探査機の磁気計を使った。この機器が、土星の磁場ラインの位置と強さを測定している。その磁場ラインは、荷電粒子が、どのように動いているかを示しているからである。例えば、電子は負の電荷をもっている。そして、それらはいつも、磁石の陽極に向かって動いている。土星も地球も、基本的には巨大な双極磁石である。それらは、陽極と陰極をもっている。それぞれの惑星は、その内部の深いところで磁場を生成している。地球の場合、研究者は、それがどのようになっているかをよく理解している。そこには熱があり、内部では対流が起こり循環していて、電流も流れている。それらの全てが結合して磁場を形成し、それを惑星の外側で測定できる。土星については、カッシーニ探査機最後の飛行からのデータで、土星内部の磁場がどのようになっているかを知ろうとしている。現在解析中で、結果はいずれ発表されるだろう。

土星の統計値

質量：95地球質量
太陽からの距離：9.54 au（1 au は太陽と地球の間の平均距離）
直径：120,500 km
平均表面気温：−139℃
自転周期：10時間39分
公転周期：29.5地球年
衛星：少なくとも82個

第12章　カッシーニ探査機

探査概要

カッシーニ探査機は、17世紀のイタリア系フランス人天文学者ジョヴァンニ・カッシーニの名前をとっている。

カッシーニ探査機が2004年の中頃、土星に到着する前に、すでに3回探査機が土星を訪れていた。だから、科学者は発見したいことのいくつかの手がかりを持っていた。しかし、どのような新しいミッションも同様で、カッシーニ探査機は、複雑な惑星の驚きの数々を明らかにした。特に、12種の精巧な機器を搭載し、以前の探査機が成し遂げたような接近飛行ではなく、軌道上に残った。それが良かったようだ。

カッシーニ探査機が土星に到着したときは、4年間続くミッションであった。しかし、2008年中頃になって、その探査機は、春分ミッション延長で継続した。2010年9月、そのミッションは再延長を始めた。それが最後のミッションに繋がった。この最終段階は、2017年4月に始まった。そして、土星の雲の最上部をかすめるような22回の接近飛行を行った。

カッシーニ探査機の12種の機器は、探査機に直接取り付けられていたので、特別なターゲットに機器を向けるためには、全部の装置が回転しなければならなかった。これは、複数の機器が同時に同じ点を観測できないことを意味している。その代わり、１つの機器が衛星を見ているとき、もう１つの機器は土星の環を見られる。そして、それが最後のミッションの、最後の５カ月を印象的な協調の仕事にした。

なお、カッシーニ探査機の概要は、次の動画で見ることができる。

https://www.youtube.com/watch?v=qaRBmeYyHoc

最後の仕事

カッシーニ探査機は、その幾つかの不思議な気候の最後の調査を行う予定であった。そのとき、その探査機は両極の上を飛行した。その両極は、巨大な嵐が吹き荒れていて、土星の有名な北の六角形を含んでいる。その雲は、異常な幾何学的形状をしていて、北極を回るように動いている。それは、時速322 kmのジェット気流である。巨大なハリケーンが、その中心で猛威を振るっている。そのハリケーンは、端では風速が時速547 kmで、目の大きさは、地球で記録された最大のハリケーンの50倍の大きさである。

研究者は、次のようなことを理解しようと努力していた。何故、そのジェット気流の流れは、対称的な六角形を形成するのか。そして何故、そのコーナーでは、北半球自体と同じ速度で回転しているのか。研究者は実際、何がそのように形状を安定させているのかを理解したいと考えていた。

土星周回で幾つかの軌道を取る。赤道上空を飛ぶ軌道、そして赤道軌道から大きく傾斜した軌道などがそれである。何故なら、それらの軌道は、タイタンの極観測の機会を与える、あるいは土星の赤道軌道から、多くの氷状衛星を観測できるという変化に富んだ機会を持てるからである。

土星には、10年以上研究者を悩ませた謎がある。それは、土星上の１日は、どのくらいの長さかという問題である。

土星の自転率を計測するのは難しい。何故なら、そのガスからできた惑星の雲の帯と層は、異なった速度で動いているからである。1980年代科学者は、土星の自転率は10.66時間であると推定した。これは、土星のキロメトリック放射と呼ばれる、内部からの周期的な電波放射をもとにしている。しかし、カッシーニ探査機は、もっと複雑なことを明らかにした。

カッシーニ探査機を使って土星を調べたとき、この土星からの電波信号は、内部から来ているのではなくて、むしろオーロラのできる地域から来ている可能性があることに気づいた。土星のキロメトリック放射は、土星の極から来る２つの放射であることがわかった。そして各放射は、その半球に対して、異なった周期を示している。北半球では10.6時間で、南半球では10.8時間である。

北半球の自転率は、2009年８月の夏至の後、スローダウンし始めた。一方、南半球の自転率はスピードアップした。夏至の７カ月後の2010年３月、両極の自転率は、約10.67時間で少しの間一致した。しかし、現在、北半球の自転周期は、南半球より少し長くなっている。

季節的な変化が、土星の磁場と太陽との相互作用に関係しているかもしれない。そして、実際、その磁場が、土星内部の実際の自転率を隠しているようである。地球の自転軸とは違い、土星の自転軸は、磁場の極に平行であるようだ。最後のミッション中に、カッシーニ探査機が、十分に低空を飛行するので、土星の磁場と重力場の地図を作成する予定である。そのとき、土星の自転率と内部構造の謎に対する手がかりを探す。

最終ミッションの軌道はまた、カッシーニ探査機に、土星の有名な環のクローズアップを提供した。それが、環は何でできているか、そして土星と衛星がどのように相互作用しているかについて、新しい見地を与える可能性があった。

カッシーニ探査機の最後の軌道は、十分に接近するので、その環に達し、接触できる予定だった。カッシーニ探査機の宇宙の塵分析器は、そのミッションの初期に、星屑のサンプルを摂取している。その機器が、土星のDリングを通過するとき、その環から少量の粒子を掴み取った。探査機の最後に近いときでも、その科学者チームは、カッシーニ探査機を生かし続け、最後の瞬間まで機能させ、できるだけ多くの科学的データを得たいと思っていた。

そのデータが、何が土星の環に金色の彩りを与えるかを説明する手助けになる。環の中の大部分の物質は氷であるが、その環に慣れ親しんだ色を与えるためには、他の化合物があるはずだ。それは、鉄、珪素、あるいは炭素を含んだ化合物である可能性がある。しかし、科学者は、カッシーニ探査機が、Dリングを通過するまで確定できなかった。

環の構成物質を理解し、その組織の重力場を地図上に表すことは、研究者が環の質量を推定し、その起源の謎を解く手助けになるだろう。もし環が、現在の理論で予想された値より質量が大きければ、多分、46億年前、土星と他の太陽系天体と一緒に形成されたようである。しかし、もしそれらが予想より質量が小さければ、それらはもっと最近形成されたようだ。後者の場合、土星軌道に捕獲された彗星が、破壊されたときできたようである。

もし、その環が若いことがわかれば、それらは、衛星が土星に非常に近づいたとき、土星の重力で引き裂かれたときの名残である可能性がある。今日、少なくとも82個の衛星が土星を公転している。その大きさは、一番大きいタイタンから、環の内部を公転するちっぽけな微小衛星までの広がりがある。それらの衛星は、土星の膠着円盤内で形成された天体、土星の強力な重力によって捕獲された近くを通った天体、そして環の物質の塊から形成された新しい衛星を含んでいる。

衛星については、特に、タイタン上の気候に興味を示していた。タイタンでは、メタンが、地球上の水循環と同様の循環を行っている。タイタンの北半球では、春の終わりが夏に変わりつつある時期であった。そのタイタンは、メタンの海と湖のあるところである。タイタン上では、メタンの雲が形成され、メタンがタイタン上へ雨としてたくさん降っていると予想できる。特に北極では、雨が降っていると考えられる。このようなモデルを作るのにカッシーニ探査機のデータは役立つ。

一方、エンセラダス上では、この時期南極が陰に入る。カッシーニ探査機科学者チームは、その冬による暗さが、エンセラダスの水のジェットを冷やすかどうかを学びたいと希望していた。接近軌道の非常に遅い時期に、エンセラダスの南極を最後に見る特別な観測をすることができた。それは、エンセラダスの南極は、しばらくの間暗闇の中に入るので、熱収支の最後の計測ができる。その答えは、科学者が、その衛星の巨大な間欠泉をつくり出すプロセスを理解する手助けになる。

最後の勇姿

2017年9月11日夜、グリフィース天文台には、多くの天体観測愛好家が集まった。そこに集まったグループは、12インチ（30.48 cm）サイス屈折望遠鏡を覗き込んだ。彼らは、土星とその最大の衛星タイタンからの光が、その望遠鏡を通過したときに見つめた。その望遠鏡は光を曲げて彼らの目に集中させた。

その見物人は、土星を取り巻く美しい環、土星の黄色の雲の帯、そして土星の近くにある大きな衛星のオレンジ色の点を見ることができた。彼らが見ることができなかったものは、もっと小さい人類が造ったものだった。その夏の夜、カッシーニ探査機は、タイタンから12万 km のところにいて、土星に向かって最後の周回に入るところだった。カッシーニ探査機とタイタンは、最後のキスを楽しんだようだ。そのミッションに携わった天文学者と技術者は、その最後の飛行をそのように呼んだ。その飛行は、13年間土星を探査し続けた探査機を土星に送り込むものだった。

グリフィース天文台に集まったこれらの観測者は、普通の民衆ではなかった。彼らは、カッシーニプロジェクト科学者グループのメンバーだった。彼らは、彼らの愛したカッシーニ探査機が土星の周りへの最後の周回に入るのを見つめていた。「それは、不思議な夜だった」とカッシーニ探査機プロジェクトチーム科学者リンダ・スピルカーは言う。

次の２、３日の間、カッシーニミッションに関係した数百人の科学者と技術者は、その探査機について追憶しただろう。20年近く前に、フロリダのケープカナベラルから打ち上げられたことなどを。しかし、彼らはすべての過去のことを考えたわけではなく、カッシーニ探査機が依然としてデータを収集し、地球へ送っていることも考えた。

アメリカ西海岸時９月15日午前３時31分、カッシーニ探査機は土星の上部大気内へ、浅い角度で突入し、１時間半近くそのガス内を飛行した。カッシーニ探査機チームメンバーは、カリフォルニア州パサデナにあるジェット推進研究所に集まり、その突入を見つめながら待った。「その部屋は、最後の瞬間に向かうに従ってだんだん静かになっていった」とスピルカーは言う。アメリカ西海岸時午前４時55分、彼らは、スクリーン上に次第に消えていくカッシーニ探査機からの最後の信号を見た。そこで、その部屋は拍手喝采の渦に巻き込まれた。それは、そのミッションが終わったからではなく、その探査機と数百人の人々が成し遂げたことへの喝采であった。

カッシーニ探査機は、土星で驚きの連続の発見をした。衛星と小さい月の複雑なシステム、１時間単位で構造が変化する環、そして巨大な嵐によって壊される美しい大気がそれであった。画像と測定の13年間が、土星に対する人類の見方を変えた。しかし依然として、カッシーニ探査機が集めた最後の数カ月間のデータで、学ばなければならないものがたくさんある。科学者は、それらの最後の観測が、土星の内部について知る手がかりになることを期待している。特に、どのように磁場を構成しているか。そして、その質量がどのように分布しているかについて。

消滅

最終ミッションは、カッシーニ探査機科学者チームにとって、忙しい時期になった。カッシーニ探査機はその最後の日に、多くのことを成し遂げた。しかし、4月22日のタイタンへの接近飛行の後、カッシーニ探査機の運命が決まった。タイタンの重力アシストで、カッシーニ探査機は、2017年9月15日、土星大気内への死の突入で、必然的に終わる予定であった。

終焉に向かう働き者であったカッシーニ探査機は、その最後の突入のときでも、土星大気上層部でデータを送り続ける予定であった。カッシーニ探査機は、最後の瞬間までデータを送り続けた。そこでは土星大気を分析した。

しかし、カッシーニ探査機関係科学者チームは、その探査機が燃え尽きるのを決して見なかった。大気の撹乱が、それが起こるずっと前に、地球に向かっていたアンテナの方向を変える。だから、カッシーニ探査機が燃えて破壊される最後の瞬間を見られなかった。しかし、大気の上部の限界を見て、ゆっくり、あるいはそれほどゆっくりではなく、カッシーニ探査機との接触を失っていったようだ。

カッシーニ探査機の20年に亘るミッションは終了するが、最後は火球になったわけではなく、信号が弱くなって消えていった。

なお、カッシーニ最後の姿については、次のサイトで動画を見ることができる。

https://www.youtube.com/watch?v=tyMbktsAScE&t=6s

第13章　土星の衛星：タイタン

プロフィール

土星系最大の衛星がタイタンである。これは太陽系内の衛星の中で、木星の衛星ガニメデに次いで大きい。さらに、惑星である水星よりもはるかに大きい。そして、地球表面上の大気圧の1.5倍の大気圧を持つ。その大気は厚く、窒素と少量のメタンでできていて、それが可視光を通さないので、ボイジャー探査機に搭載されたカメラでは見通せなかった。大気中の、太陽光によって容易に破壊されるメタンの存在から、タイタン表面上に海があるに違いないと長い間考えられてきた。しかし、水ではなく、タイタンの海は主にメタンとエタンでできているようだ。表面温度は−178℃であるので、これらの元素は液体である。メタンは太陽光で容易に破壊されるので、地上からの補給が不可欠になる。

絵のように美しい風景

2004年12月24日、カッシーニ探査機が、ヒュイゲンス着陸機を切り離した。幸運にも、ヒュイゲンス着陸機は、何かの床の上にドシンと落ちた。そこは、湿気のある砂か、あるいは硬い氷の密度であった。それは、地球上の湖のビーチの上には見られない岩石や小石を散りばめたようなところだった。

次の動画は、タイタンの様子とヒュイゲンス着陸機が、タイタンに着陸した映像が含まれている。

https://www.youtube.com/watch?v=B7497mQRn2Y

安全に乗り上げて、ヒュイゲンス着陸機は、そのミッションを続けた。タッチダウンの後、72分間、最後の場所の画像を根気強く撮りまくった。結局、それは、カッシーニ探査機と地球へのリンクが、タイタンの地平線上に消える前に、約100枚の地形の写真を送り返してきた。その後少しして、そのバッテリーは枯渇し、ヒュイゲンス着陸機は、静かに動かなくなった。

最初の画像から、ヒュイゲンス着陸機は、科学者のタイタンに対する考え方を完全に変えてしまった。その画像は河床を撮ったもので、支流がタイタン表面を切り裂いていた。これらの川は、地球上の至る所に見られるものと同様の排水ネットワークを見せていた。小さい支流が大きい川に合流し、平らなデルタに流れ出ていた。

明るい高地は、デコボコしたトゲトゲしい地形を見せていた。急斜面の河谷と大峡谷は、タイタンの川は洪水が多いことを示していた。そして、メタンの雨による侵食の兆候を示した。他の河床は、さらにゆっくりとした流れに見えた。科学者は、これらは降雨ではなく、液体メタンは地下から湧き上がるところから来ると考えている。

もっとよく見ると、ヒュイゲンス着陸機は着陸地点の周りを撮っていた。その着陸機は、黒い平地上に着陸した。流れる表面上の液体の兆候は見られなかったが、その地域は、乾燥した湖床、あるいは洪水のあった平地に非常によく似ている。ヒュイゲンス着陸機の台座の周りには、丸石が散らばっていた。それは、流れる液体によって作られたような丸い端をもっている。その石は、同じようなサイズであった。これは、同じ流れが、それら全てを動かしたことを意味する。しかし、科学者は、ここで意見が分かれた。

ヒュイゲンス着陸機着陸地点付近の丸石は、長い距離を川によって運ばれたことによって、スムーズに丸くなった石のように見えると指摘する科学者がいる。しかし、地球上では、川は大きな石を早目に置き去りにし、流れが止まり始めたとき、小さい石も動かなくなるからだ。

大気

降下中、ヒュイゲンス着陸機は、タイタン大気中を循環するガスのサンプルを採取した。それらは、大部分が窒素とメタンであることを確認した。さらに重要なことは、そこの温度、気圧、そしてガスの豊富さを大気の最上部から、一番下の地上まで測定したことだった。それで、タイタンの空の一次元地図を作った。

ヒュイゲンス着陸機の目的の１つは、アルゴンのような不活性なガスを探査することだった。不活性なガスは、化学的に他の元素と結合して化合物を作るということに関して不活発である。だから、そのガスの豊富さが、長い歴史をみることに対してヒントになる。つまり、その歴史とは、太陽系の誕生時、これらのガスが豊富にあったときまで戻った歴史である。その存在から、科学者は、どのようにしてタイタンの大気がつくられたかを理解できる。そして、同様に、地球のような他の惑星が、同様の厚い大気をどのように獲得したかを理解できる。

しかし、大気の厚さの中を文字通り降下したにもかかわらず、ヒュイゲンス着陸機は、窒素と比べてアルゴンの少なさを探知した。特に、アルゴン36という特別の同位元素についても少なかった。ヒュイゲンス着陸機の探査から、それは、太陽内のその元素の量の約100万分の1であることを知った。これは、タイタンが、原始太陽系星雲から直接そのガスを集められなかったことを意味する。その代わり、その大気は、宇宙からの隕石の落下によって、与えられた可能性が強い。それは、同じ方法でつくられた地球の大気の場合を支持している。

一方、アルゴン40のような他の同位元素の探知は、また異なった結論を導く。この同位元素は、岩石の中に見られるポタジウムの放射性崩壊から生まれる。何故なら、大気中のこのようなガスを嗅ぎ出そうとするヒュイゲンス着陸機に対して、それは、タイタンがそのようなガスを排出した方法があったに違いないことを意味するからだ。活動的な地質活動、あるいは少なくとも氷雪学的に排出した可能性だ。それは、岩石、あるいは氷が、タイタンの地下から地表、そして大気まで掻き回される循環である。しかし、このプロセスが、タイタン自体の内部の加熱メカニズムによって、あるいは、土星の潮汐力の引きによって作動させられるのか、または、そのプロセスが本当に存在するのかは、依然として議論中である。

ボイジャー探査機の当初のメタン発見は、その起源としてかけ離れた生命体の存在を生み出したが、ヒュイゲンス着陸機は、この可能性をほとんど消し去った。科学者は、ある種の活動が、タイタンのメタン貯蔵を維持しているに違いないと考えている。そして、ヒュイゲンス着陸機のサンプル採取の結果から、地質学的プロセスが、メタンの根源である可能性が強いようだ。

しかし、タイタンの煙霧の層の中で、ヒュイゲンス着陸機は、地球上の実験室で生成されるソリンと同様の分子を探知した。ソリンは、地球上で生命体の発達に重要であると考えられている。そして、複雑な炭素分子は、活動的な研究の源である。タイタン上のこの存在は、生命体の構成ブロックは、地球に対してユニークなものではないという有望な手がかりである。

別種の生命体

一見したところでは、タイタンは、活発な生物圏としては、生命生存可能ではない場所であるようだ。その不透明な窒素とメタンから成るコクーンは、太陽系の全ての固体の天体の中では、金星に次いで２番目の密度の高い大気である。その大気の覆いは、地表の温度を−178℃に保っている。ところが、このような冷たい温度でも、タイタンの小さい兄弟衛星エンセラダスより遙かに温かい。エンセラダスの日中の気温は、タイタンより27℃近く低い。しかし、このような超低温でも、タイタンは、生命体には有利な他の特徴を持っている。

タイタンには降雨がある。水の代わりに、タイタンの厚い雲は、液体メタンを降らせる。それは、多くの家が暖房に使う自然ガスと化学的によく似ている。その雨が何からできていようと、その大きな衛星は、表面の湖と川から蒸発して供給された、活動的な雨の循環を持つことが確認された。その循環があるのは、地球以外ではタイタンだけである。その河谷は、液体で満たされた海盆に排水する。幾つかは地球の海と同じくらい大きい。タイタンの一番大きな海であるクラーケン・メアーは約400,000 km^2の大きさで、北アメリカのスーペリア湖の約５倍、あるいはアジアの黒海サイズに近い。

降雨は、タイタン上の生命体探査にさらに好都合である。安定した炭化水素の霧雨である。この有機的なススは、メタンと結合して複雑な化合物をつくる。それは生命体の原料である。タイタンの風は、炭化水素の降下物を巨大な砂の海に積み上げている。

しかし、メタンと炭化水素だけが、タイタンのスープのような空から落ちて来るものではない。太陽光と土星からの放射線が、タイタン大気中で窒素とメタンを分解している。これらの破片が再結合したとき、それらは、シアン化ビニルと呼ばれる化合物をつくる。シアン化ビニルは、生命探査には重要である。何故ならば、地球上の生きた細胞内に見られるような膜組織に結集する傾向があるからだ。

このニュースは、タイタンの生命体探査に興味深い推測を与えた。それには長い年月を要した。10年以上前から、カッシーニ探査機が、その遠方の衛星タイタンに、シアン化ビニルの構成物質を探知していた。しかし、その存在を確認する機器を搭載していなかった。2014年の観測データは、シアン化ビニルの痕跡を含んでいた。現在、数十トンのシアン化ビニルが、タイタンの上部大気中に浮かんでいて、びっくり仰天させるような10億トンが、タイタン最大の海リゲイア・メアーとクラーケン・メアーに蓄積していることを確認した。

細胞膜を形成する能力は、必ずしも生命の存在を保証しない。しかし、それは欠くことのできないものの1つである可能性がある。さらに、タイタンには、提供するものがさらにあると惑星天文学者は言う。そこには、現在進行形のプロセスがあり、それらは今日の火星では見られないようだ。そのプロセスは、次のようなものである。雲と雨の形成、表面に液体を溜めること、潮汐力と多分風による動き、そして波の形成である。実際に、他の化合物にプロセスするメタンのために、タイタン上には天体生物学的に、さらに多くの興味を惹く化学があるようだ。

ただ、タイタン上の生命体の主要な障害物は、その冷たい気温である。生物学的なものを含めて、いかなる種類の化学反応も遅い。だからどのようにして、全てのそれら有機化合物が、タイタンのメタンの湖に分解し、生命体の好むものに結合するのか。ここが問題のようだ。

また、低温はタイタンの生命体には実際好都合であるようだと言う学者もいる。一方で、低温はスローダウンするか、あるいは完全に反応を妨げることができる。他方では、低温は全てがスローであり、ハードに働く必要はないので、良い可能性がある。多くのエネルギーも必要でない。多くのエネルギーがないならば、スローであることは必要であるようだ。

しかし、幾人かの生物学者は、このようなスローな生物学的プロセスが起こることに懐疑的である。生物体は、地球上で発見される生命体より、弱い化学的結合を発展させた可能性がある。だから、化学反応は、そのように制限されていないようだ。しかし、このようなことは、今までのところ自然界ではみられていない。さらに生化学者は、タイタンにおけるRNAやDNAのような情報を保存することができる、可能性のある遺伝子的分子として、指摘できるモデルは発見されていないと言う。タイタンは生存には厳しいところであるようだ。

地下の生命体

タイタンの表面環境は、生物学を困難なものにしているようだが、この衛星も、穏やかな地下の海を保有しているようだ。氷の下100 kmに、塩水の海がある可能性がある。タイタン表面の特徴についての注意深い研究から、タイタンの地殻は、時間とともに動き、山脈と他の風景が30 kmもその位置を変えていることがわかった。カッシーニ探査機の軌道上からの計測はまた、タイタン表面内に膨らみを見つけた。これはタイタン内部、その凍りついた表面下に液体の層を持っていることを暗示している。その水は分解した硫黄、ソディウム、そしてポタジウムといった、外部太陽系でよく見られる元素を含む塩素の豊富なものであるようだ。タイタンの塩水の深海は、永遠の暗闇であって、外部のエネルギー源から切り離されている。さらに、タイタンの鉱物の豊富な岩石でできた核からも分離しているようだ。しかし、氷原の研究によると、固体の氷のゆっくり盛り上がる物質であるダイアピルは、その氷の中で、氷河の底で、上流から物質を運搬できる。タイタンの核から鉱物が上部に動いて、その隔離された海と混じり合い、生命体に活力を与えているようだ。さらに、氷状火山による地表の活動とその有機物落下が、この海と相互作用している可能性がある。常に存在する炭化水素のススに加えて、これが生体適合物質のもう１つの源をつくりだし、それが地下の海に流れ込んでいるようだ。

水はもう１つの利点である。それは、大量の生命に有益な化合物を分解することができる。メタンとエタンよりもはるかに多くのそのような化合物を分解する。水は我々が理解する大部分の生体機能の大きな活力源である。いつも、生命体に必要な重要な化合物の間の架け橋として働く。

しかし実際、タイタンが活動的な別世界の生物群系を持つかどうかを発見できるだろうか。

タイタンドラゴンフライミッション

NASAの最近選択したドラゴンフライミッションは、小さい回転翼を持った探査機を送って、2034年にタイタンに着陸させる予定である。その探査機はタイタン上空を飛行して、さらに広い範囲を探査する。そのミッション遂行中、ドラゴンフライ探査機は、その最新の機器一式を使って、タイタン大気とタイタン地表両方にある分子を直接探査する。

ドラゴンフライ探査機が、その８枚のヘリコプターの翼を使って飛び上がり、非常に興味深い臭覚的香りを持ったタイタンの塵の雲を蹴り上げるだろう。

タイタンの統計値

質量：1.3452×10^{23} kg
直径：5,150 km
土星からの距離：1,221,850 km
平均表面気温：−178℃
自転周期：15.9地球日
公転周期：15.9地球日

第14章　土星の衛星：エンセラダス

タイガーストライプの発見

土星の衛星エンセラダスは、小さい岩石でできた氷状天体で、直径はわずか500 km である。その性質がサイズ以上の注目を浴びた。それは、木星の衛星アイオに通じるところがある。アイオは火山活動で有名だが、エンセラダスにも火山活動がある。と言っても、エンセラダスでは溶岩を噴き上げる代わりに、氷状の水を間欠泉として噴き上げている。このようなものを氷状火山と言う。その水が、この衛星の半分に雪として降っている。

氷状火山の存在は、ロンドンのインペリアルカレッジのミシェレ・ドロハーティーをリーダーとする研究者チームに、観測によって偶然発見された。ドロハーティーは、カッシーニ探査機の１つの機器の主任研究員で、土星の磁場を地図上に表す仕事をしていた。2005年、カッシーニ探査機が、相当近い距離でエンセラダス上空を飛んだとき、土星の磁場の動揺が、エンセラダスによってしょっ引かれていることに気づいた。これは、土星の磁場を捉え、引っ張るような一種の大気をエンセラダスが持っていることを暗示した。ドロハーティーは、カッシーニ探査機が再度エンセラダスに接近飛行したとき、同じものを見た。その大気は、水でできているという何らかの兆候があった。エンセラダスは、小さいので永続する大気は持っていない。そして、衛星が大気を持つことは稀である。彗星の衝突の後のような短期間は別にして。一体全体どうしたのか。

何度もカッシーニ探査機による接近飛行を行って、次のようなことが明らかになった。エンセラダスの南極付近に、局所的な大気が存在する。この地域は、タイガーストライプとして知られていて、ここからエンセラダスは、水蒸気のスプレーと水の氷のチップ（霰と雪）を生成している。それらは、メタン、一酸化炭素、そして他の単純な有機分子のガスの中にある。そのスプレーは、2006年に噴水として写真に撮られ、太陽光をバックライトにして、スプレーを見ることができた。

地表と内部

その後の観測とカッシーニ探査機による調査から、次のようなことがわかった。エンセラダスは氷状であるので、その表面は太陽光をほとんど100%反射する。そしてエンセラダスから宇宙空間に噴き上げる物質のプリュームは、氷状であって高温ではないが、地下には液体の水、温かさ、そして何らかの動きがあると議論されている。

カッシーニ探査機が、さらに近距離まで接近飛行したとき、表面に曲がりくねった氷状の峰のある画像を撮った。その表面の大きな地域には、クレーターはなかった。これは、比較的最近、凍った水によって再舗装されたことを示している。水蒸気は興味深いことに、エンセラダスの南半球にある、タイガーストライプ内の割れ目から出た有機物質ジェットに混じっている。さらに、そのジェットは、宇宙空間に広がり、土星のＥリングに物質を供給している。また、木星の衛星アイオのように、潮汐力による捻じ曲げる動きから、地下に熱があるようだ。

北極付近の地表は非常に古く、月のように隕石衝突跡クレーターに覆われている。ただ、そのクレーターは歪められ、侵食され、幅広く深い割れ目によって寸断されている。クレーターが形成されて以来、そこには明らかな地質学的活動があったと考えられる。

それとは対照的に、間欠泉のあるエンセラダスの南半球は地表が新しい。平坦で少しシワのよった地勢で、雪と雹のスプレーで塗装されている。その雪と雹は、地表にスプレーから逆戻りしている。数百万年に亘る降雪が、厚い層の地域を覆った。小さい雪片が、エンセラダスの岩石状表面を覆って、丘と谷を平坦にしている。その風景のさらに顕著な特徴は、依然として雪原上に現れている。古い埋もれたクレーターと渓谷がそれで、それらの最大のものはグランドキャニオンに匹敵する。

細かいパウダー状の雪の上層は、この地域では時々100 m の深さである。それはスキー場の雪より遥かに深いが、積雪率が遥かにゆっくりである。その積雪は、年に１mm の1000分の１以下である。このようにゆっくりとした積雪率であるが、数百万年に亘ると、雪で固めたスキー場の滑走コースであるピステになる。

間欠泉は、地下の深くない液体の水の貯蔵庫から来ている。

その地域には、多くの並行な黒い割れ目であるタイガーストライプがある。タイガーストライプの深いところは温かい。木星の衛星アイオと同じように、土星の潮汐力によってエンセラダスは柔軟にされているので、その温かい岩石は加熱されている。だから、エンセラダスの内部には高温の岩石があって、その温かさが内部の氷を溶かして、その地下の洞窟を有機化合物の混ざった水で満たしている。その地下の水の貯蔵庫は大きく、地下の海の最上部は地下30 km の深さで、その貯蔵庫の深さも10 km ある。

この海の環境は、地球上の生命体に適した場所に似ている。湿潤、温暖、暗い洞窟、火山岩の奥深いところである。その状況が、エンセラダスは生命生存可能であることを示している。

生命体の可能性

カッシーニ探査機に搭載された機器が、プリュームの中を複数回飛行する間に、そのガスと粒子を分析した。そのプリュームは、大部分が水だが、他に塩、アンモニア、二酸化炭素、そして有機分子を含んでいることを発見した。これらの発見は、地下に氷をもつ世界を知る手助けになる。それは、可能性のある生命生存可能な海で、少しアルカリ性で、水の中の化学エネルギーと、岩石でできた海底の地熱エネルギーにアクセスしていることがわかった。

また、氷状地殻は、エンセラダスの岩石状の核と繋がっていないことを確認した。これは、その地殻が衛星全体に広がる地下の液体の水からなる海の上に浮かんでいる場合だけ可能である。

カッシーニ探査機は、エンセラダスが、我々が知る生命体の３つの構成要素である水、生命体を構成する物質、そしてエネルギーを保有していることを発見した。１つずつ確認しよう。水は海の中にある。単純な、そして複雑な有機物はプリュームの中で探知された。これらは生命体の分子組織を形成するために使われるようだ。

エネルギーについてはもう少し説明する。熱水噴出口がエンセラダスの海底に存在するようだ。我々は、これを以下の３つのことから知った。最初に探査機に搭載された機器が、そのプリュームの中にメタンを探知した。それは、包接化合物、又は氷の中の他の貯蔵庫を起源として存在するものより高密度である。なお包接化合物は、内部に閉じ込められたメタンによって高圧になる水と氷の化合物をいう。メタンは、熱水噴出口組織のキーになる産物である。

次に、海が酸化状態であることがわかった。海は少なくとも90℃の温度で、液体の水が岩石に触れるところで形成される。地球上では、ホワイトスモーカーのような熱水噴出口の付近に見られる。

そして３番目は、プリュームの中の水素分子の確認が、エンセラダスの岩石の核と、液体の水の相互作用を暗示していることである。

地球上では、大西洋中央海嶺の熱水噴出口は、豊富な生態系を保持している。光合成を考えると、そのような環境から遥かに遠いところである。これらの生物系は、地熱と化学エネルギーで生存している。同様の生態系が、エンセラダスの海底の熱水噴出口付近にあると考えられる。

だから我々は、水、生命体を構成する物質、そしてエネルギーを見つけたことになる。彼らは十分長い間、それらを混合して生命体を形成したといえるだろう。その期間は、10万年から2,500万年の範囲が考えられる。

将来ミッション構想

エンセラダスは我々の興味を引き、戻るのに十分すぎる理由を与えた。多くの可能性のあるミッションが、その仕事をすることが考えられる。そしてその後、まだNASAに是認されていないが、２、３のミッションが、カッシーニミッション以後提案された。

幾つかのミッションは、カッシーニ探査機が行ったことと同じことをするだろう。そのプリュームの中を飛び、ガスと粒子を解析する。しかし、アップグレードされた機器は、生命体に対する遥かに感度の良い効果的なテストができる。他のミッションは、エンセラダスの南極地域に着陸して、プリュームから表面に堆積した新しい雪のサンプルを採る。

さらに野心的な考え方は、サンプルリターンミッションを含んでいる。それは往復に14年必要なので、我々はそのサンプルを入手するまでに長く待たなければならないだろう。あるいは種々の、登ったり氷を解かしたりするロボットを使って、氷の外殻を２kmから10km掘り進み、その海まで到達する。

我々が何を送り込もうが、実際に、天体生物学が主目的ならば、次のエンセラダスミッションは、生命体存在証拠の複数の独立したものを探査できるように、設計された機器一式が必要であるだろう。

エンセラダスは、生命体を保持する可能性のある唯一の場所ではない。エウロパの方が、より大きい液体の水の貯蔵庫を保有していて、タイタンの海は、想像を絶する豊富な有機化学を演じているようだ。

しかし、エンセラダスは、掘ったりドリルしたり着陸することなく、海からの物質にアクセスできる。この方法が確かである唯一の場所がエンセラダスである。我々は、ちょうど今使えるテクノロジーで、生命体が太陽系の他の場所に存在するかどうかという仮定をテストできる。

エンセラダスについては、次の画像がお勧めである。

https://www.youtube.com/watch?v=Y35LTzFB-2E

エンセラダスの統計値

質量：1.08022×10^{20} kg
直径：500 km
土星からの距離：238,000 km
平均表面気温：−198℃
自転周期：1.37 地球日
公転周期：1.37 地球日

第15章　天王星

発見物語

ヴィルヘルム・ハーシェルは、1738年11月15日にハノーヴァーで生まれた。彼の父親は、ハノーヴァー軍楽隊のオーボエ奏者だった。当時ハノーヴァーはイギリス領で、ジョージ2世の統治下にあった。フランスとの戦争はハノーヴァーまで及んで、1757年7月26日のハステンバックの戦いの余波で、ジョージ2世が送り込んだハノーヴァー防衛隊は敗退した。ハーシェルの父親は、彼と弟を何とか英国の保護区に送り込んだ。

英国で、若いハーシェルは素早く英語をマスターしたようだ。彼はすぐに名前をウィリアム・ハーシェルと英語風に変えた。彼はまた父親の音楽の才を受け継いでいたようだ。ハープシコードとバイオリンを伴ってオーボエを演奏した。彼は英国の多くの場所でオーボエ奏者として働いた。そして、最終的にバースのニューキングストリート19に落ち着き、オクタゴン協会のオルガン奏者になった。

ハーシェルは、いつも天文学に興味を示していた。一度バースで、彼は光学に興味を持った。彼は腕の良い工芸師だった。彼は自分のミラーとレンズ全てを自作した。もちろん丹念にミラーを磨いて正しい形状にした。彼はミラー磨きにはなぜか熱狂的だったようだ。そこで彼は時々、一度に16時間以上ミラーを磨いた。一方、彼の妹キャロリンは彼の身の回りの世話をした。彼がミラーを磨いているとき、食事を作ったり、音楽の伴奏をしたりしていた。彼の光学と望遠鏡は、英国とヨーロッパの最も有名な天文学者に人気があったことは驚くことではない。

1779年５月までに、ハーシェルは自作の素晴らしい６インチ（15.24cm）ニュートン式屈折望遠鏡を作った。ニューキングストリート19のハーシェル博物館に、このレプリカがある。ハーシェルの当初の興味は、二重星であったようだ。これらは２つの星が接近しているように見える。それらは、実際に重力で繋ぎ止められた二重星であるかもしれないし、見かけの上で二重星に見えているだけかもしれない。後者の場合は、たまたま夜空の同じ部分に見えて、お互いの物理的関係はない。1779年10月までに、新しい二重星を積極的に探査して、その発見を日誌に記録していた。

1781年３月13日、ハーシェルは牡牛座ζ星付近の普通でない天体を偶然見つけて、牡牛座の星を再調査するのに忙しかった。その星雲のような天体は、小さいディスクを見せているようだった。恒星でないような何かがあった。その後の探査で、この普通でない牡牛座への訪問者は位置を変えた。これは、太陽系内にあることを示している。

ハーシェルは当初、彗星を発見したと考えた。そしてその結果を王立協会に送った。ロシア人天文学者アンダース・レクセルが、最初にその天体の通過した軌道を精査した。それによって、その天体は円軌道を描いていることを発見した。それは、その新しい天体は彗星ではなく、むしろ惑星であることの確かな兆候である。他の天文学者が観測して、それはコマとか尾の兆候はないことがわかり、1783年までに、誰もがその天体は新しい惑星であることを認めた。そして、太陽系の７番目の惑星になった。王のジョージ３世は特にその発見に感銘を受けて、ハーシェルを宮廷天文学者にした。そして、年200ポンドの俸給を与えた。そこでの唯一の条件は、ハーシェルがウィンザーに動かなければならないことだった。なお、これは王立天文台長とは異なっている。

彼は当初、王のパトロンであったので、この新しい星に「ジョージの星」という名前を付けたかった。驚くことではないが、この名前は英国以外では評判が良くない。それで最終的に、ドイツ人天文学者ヨハン・エラート・ボーデが、その名前に「ユラナス（天王星）」を提案した。ユラナスは、オウラナスのラテン語バージョンで、ギリシャ神話のサターン（土星）の父親である。

天王星の観測から、それについて何か特有のものがあることが明らかになった。1787年１月11日、ハーシェルは天王星の２つの衛星ティタニアとオベロンを発見した。天王星を公転するこれらの衛星を観測すると、天王星の自転軸の傾きが、実際に正しい角度以上で、非常に顕著であった。

他の天文学者も天王星を観測したが、その小さいディスクのサイズが、観測を困難にした。表面特徴にも意見が合わないことが多かった。ウィリアム・ラッセルは、そのディスクの中に光輝な点を見たと思った。しかし、ロード・ロッセは、ディスク以外は何も見えなかった。そのとき、彼は自作の巨大な望遠鏡で見ていた。

ハーシェルが、天王星を取り囲む環であると考えたものに気づいたのは、1789年の天王星観測のときだった。それは赤みを帯びた色彩だった。当時のハーシェルのスケッチは、天王星のVリングのサイズと傾きに正確にマッチする。ケック望遠鏡による観測で、この環は、赤みを帯びた色であることがわかった。我々は天王星の環が、非常に光度が低いことを知っているので、これは、正真正銘のミステリーであるようだ。そして、その後のハーシェルの観測では、彼が環であると考えたものは消えていた。その後、天王星の環の目撃は、1970年代まで報告されていない。

磁場

ボイジャー２号は、1986年１月24日に天王星の接近飛行を行った。それは、土星を訪れてから４年以上後だった。環をもった惑星の興奮に続いて、科学者は、さらに遠方にある謎に満ちた天王星系で、ボイジャーが明らかにするものを見ることを切望していた。

木星と土星の豊富で複雑な大気を調査した後、天王星は、非常に穏やかに見えた。他の惑星で見た大きな嵐は全くなく、ぼやけた青いテニスボールのようだったと回想している科学者がいる。

ボイジャーは、以前には探知されなかった天王星の周りの磁場を明らかにした。その磁場は、地球の磁場に強さにおいて匹敵する。その自転軸が90°以上傾いているため、天王星は太陽の周りをボールのように公転している。そして、地球の自転軸と磁場の軸は、だいたい12°ずれているが、天王星の場合60°の開きがある。これが、その惑星の背後数万キロメートルのところに、螺旋状の磁場を引きずる形にしている。

さらに、その磁場が何故存在するのか、依然として定かではない。何故なら、天王星では、他の惑星にある磁場を強める標準的な液体金属の内部層に欠けているからである。ボイジャーはまた、天王星の周りにある強力な放射ベルトを見つけた。それは、土星に見られるのと同様である。

環

ハイライトは、天王星の環とその衛星であったと言う天文学者がいる。望遠鏡が発明されてすぐに見つけられた土星の環と比較して、天王星の環は、つい最近の発見で、科学者は、さらに深く追究したいと思っていた。

コーネル大学の天文学者が、1977年に天王星の環システムを発見した。それは、ボイジャーが打ち上げられるちょっと前だった。遠方の星の前を天王星が通過して一直線に並んだときで、幸運な発見であった。科学者は、天王星の大気を研究するために、その食を使う予定だった。しかし、天王星の背後にその星が消える前に、その星が現れたり消えたりしたので、その天文学者は、環システムが、近隣から遠く離れたところで、天王星を取り巻いていることに気づいた。だから、ボイジャーの接近飛行は、それらの環システムを身近で探究するチャンスだった。

ボイジャーは、天王星の環システムを初めて画像に捉えた。それによって、その詳細な構造を知ることができた。ボイジャーはまた、2つの完全な新しい環を発見した。その環のクローズアップ写真から、天王星の捉えにくい環は、土星の明るい氷の環のようではないことを確認した。それらは、黒くてほとんど光を反射しないので非常に見にくい。科学者は、その環は多分、大部分が氷でできているようだが、メタンのような有機物質で覆われていて、天王星の放射ベルトによって、黒く焼かれたようだと言う。

衛星

天王星の衛星もまた、宇宙空間の暗さに対して、カモフラージュしているようだ。ボイジャーが地球を出発するとき、天文学者は天王星の周りに5個の衛星を知っていたが、その短期間の訪問の間に、衛星の数が3倍に膨れ上がった。つまり、ボイジャーが、新しい衛星を10個発見したことになる。

ボイジャーの画像は、5個の大きな、すでに知られていた衛星に、その詳細と特徴を添えた。これが、激しい衝突の過去の種々の物語を語っているようだ。

その新しく発見された2個の衛星コーデリアとオフェリア

は、環を維持する衛星として認識された。それらは、天王星のイプシロンリングのどちらかの側を公転している。そして、それらの重力的な引きが、それらの軌道に沿ったその環の中に小さい粒子を集め、宇宙空間へ飛散しないように保っている。天王星の環は異常なまでに狭い。もし、環を維持する衛星がなかったならば、その小さい粒子は、長い期間を考えると飛散していたと考えられる。

長年、天文学者は、大部分ハッブル宇宙望遠鏡による画像を使って、衛星の数を増やしてきた。その数は現在27個である。しかし、コーデリアとオフェリアは、環システムの環を維持する衛星として、ボイジャーによる観測まで残っていた。天文学者は長い間、さらに多くの衛星が未発見で残っているのか、あるいは重力によって飛散したのかを探究してきた。

その後、ある天文学者グループが、ボイジャーのデータを再チェックした。ボイジャー接近飛行の30年後、彼らは、さらに小さい天王星の環を維持している衛星の存在証拠を発見した。

カッシーニ探査機による最近の発見が、惑星の環システムの理解を深めてきた。そこで、ボイジャーの発見に対して、別の見方をするようになった。つまり、古いデータに新しい理論を適用した。

土星の環には、数個の狭い小環がある。これは、天王星系にも適用できるかもしれない。そこで、ボイジャー２号の土星の環システム内の、小さい衛星パンを発見するのに使ったテクニックに注目した。

環システム内で、惑星を公転する小さい衛星によって彫られる「跡」に矛盾しない、天王星の環内の著しいパターンを発見した。その予想された小さい衛星は、ちっぽけなもので、わずか4 kmから14 km幅である。そして、それらも、残りの環システムや衛星同様に黒っぽい。このような小さい衛星を確認することは、非常に骨の折れることだった。しかし、30年後でも、ボイジャーは依然として、天王星の秘密を暴く手助けをしている。

謎

天王星の謎に、次のものが含まれる。天王星の自転軸が、太陽系惑星公転平面に対して、100°近く傾いているのは何故か。だから、コマのように太陽の周りを公転しないで、転がるボールのように公転している。その原因は、古代の惑星衝突であるという主説はあるが、その原因が何であれ、この独特の方向性が、太陽系において最も極端な季節を天王星に与えている。1つの極が常に太陽光を浴びているが、もう1つの極は約21年間暗闇に包まれている。天王星の磁場もまた一方に傾いている。自転軸に対して約60°傾いているので、天王星の自転がその磁力線を奇妙なコルク抜きの形状に歪めている。

もう1つの天王星についての未解決の謎は、その構造である。その渦巻く大気は、主に水素とヘリウムでできているが、その大気の青緑色は、さらに容易に赤色光を吸収する僅少のメタンが原因である。しかし、天王星の雲の上部の下に深く潜り込むと物事はさらに陰気になる。天王星の約80％は、高温で密度の高いマントル層の形で存在していて、そのマントル層は、氷状岩石の小さい核を取り巻く超加圧された水、アンモニア、そして液体メタンでつくられていると科学者は考えている。しかし、真相はまだわかっていない。

天王星の統計値

質量：14.5地球質量
直径：51,120 km
太陽からの距離：19.2 au（1 au は太陽と地球の間の平均距離）
平均表面気温：–197℃
自転周期：17時間15分（自転が逆方向）
公転周期：84地球年
衛星：少なくとも27個

第16章　海王星

発見物語

天文学者は、夜空の新しい惑星である天王星に対処したとき、観測を始め、その位置も記録し始めた。そこで新しい問題が生じた。レクセルは記録された位置を使って、天王星の軌道を計算した。だから、未来の位置が予測できた。しかし、天王星は、ニュートンの重力法則に従うことを躊躇った。天王星は、それがあるべき位置から逸脱しているようだった。アレクシス・ボーヴァードは、1821年、天王星の動きのタイムテーブルを作った。そして、天王星の異常な動きに対する理由は、何か見えない天体の影響であると提案した。

ジョン・コーチ・アダムスは、当時ケンブリッジ大学の学生だった。そして現存する惑星の軌道データを使って、その見えない惑星の質量を計算した。1845年9月までにアダムスは、幾つかの基本的な計算を行って、当時の王立天文台長ジョージ・ビデル・エアリーとその問題について議論した。興味はあったようだが、エアリーは新しい惑星を追跡し、存在を確認するには、多くの仕事が必要だと考えた。一方、フランス人数学者ユルバン・レヴェリエもまた、天王星の軌道上に問題があることに気づいていた。それで、1845年11月10日、彼はこの最新の話題について論文を書き、パリ科学アカデミーに投稿した。レヴェリエは、アダムスの仕事には気づいていなかった。だから彼の発見は、完全に独立したものだった。

エアリーが、レヴェリエの論文について知ったとき、すぐに英国人天文学者の会合を招集して、当時ケンブリッジ天文台長だったジェームス・チャリスが、新しい惑星を探査していることを報告した。しかし、多くの間違いが彼らの努力を妨害した。アダムスも彼の計算を修正したが、そこにも多くの間違いがあった。そして、チャリスは、夜空の見当違いの地域を探査していた。さらに悪いことに、チャリスは２回その新しい惑星を記録した。１回目は８月８日で、もう１回は８月12日だった。しかし、彼は最新のその地域の星図を持っていなかった。だから、彼は、自分自身が新しい惑星を記録したことに気づかなかった。

その新惑星探査はまた、ヨーロッパで熱狂的になっていた。レヴェリエは、英国人天文学者が、その新惑星を探査していることを確信できなかった。彼は躊躇なく、ヨハン・ガレに手紙を書いた。ガレは、当時のベルリン天文台長だった。その手紙は、レヴェリエが計算した位置付近で、新惑星を探査してほしいと依頼したものだった。アダムスは何度も計算して、その新惑星がどこにいるかを決定したが、レヴェリエが独自の計算をしたことには問題なかった。レヴェリエのガレへの手紙は、新惑星発見を保証した。1846年９月23日、ガレと彼の助手であったハインリヒ・ダレストが調査を始め、1846年９月24日未明、彼らはレヴェリエが予測した場所に近いところで海王星を発見した。ガレとダレストは、２、３カ月間海王星を観測した。そして発見を発表する前に、その動きを把握した。太陽系の８番目の惑星が発見されたことになる。
新惑星には名前が必要だった。海の神である「海王星」をレヴェリエは提案し、著名なドイツ人天文学者フリードリヒ・フォン・ストゥルーヴもまた、海王星を支持し、海王星に決まった。
海王星の発見以後、早い時期に、ウィリアム・ラッセルが、海王星の衛星トライトンを発見した。それ以来、この惑星観測はあまり行われなかった。非常に遠方にある惑星なので、大きな望遠鏡でも、小さい特徴のないディスクにしか見えないのが主な理由だった。なお、日本では、この惑星最大の衛星をトリトンと呼んでいるが、英語を聞くと「トライトン」と言っているので、この本の趣旨に従って、この本では「トライトン」と書くことにする。

海王星発見史については、多くの天文学史研究家が調査研究をしたようだ。歴史に記されているほど単純ではなかったはずだ。そして、多くの幸運もあったようである。ガレが探査したとき、海王星は太陽とは反対側を公転していた。つまり衝を起こす方向にあった。もしこのとき、太陽の裏側を公転していたならば、ガレは発見できなかったのではないかと言われている。

プロフィール

海王星は肉眼では見えない。しかし、ガリレオは1613年に彼の望遠鏡で見ていた。ただ彼は、１つの星として記録していた。そして、海王星を訪れた探査機は、1989年のボイジャー２号だけだった。最近は、ハッブル宇宙望遠鏡で価値ある画像を捉えている。そして、今のところ新しいミッションは発表されていない。ただ、ジェームス・ウェッブ宇宙望遠鏡が作動を始めたので、新しい情報を得られるのは間違いないだろう。

海王星は天王星によく似ている。もちろん固体の表面はなく、主に水素とヘリウムからできた深いガスの大気に包まれている。表面のブルーの色彩は、大気中のメタンが原因のようだ。ボイジャー２号が1989年に接近飛行したとき、太陽から受ける熱よりも多くの熱を、放射していることを発見した。その大気の雲の最上部は、−214℃であるが、内部の熱源がなかったならば、−227℃まで下がると言われている。科学者は、この余剰の熱は、何処から来ているか、まだ理解していない。多分、海王星形成時の名残の温かさが、核から漏れていて、大気中のメタンによって防護されていると科学者は考えている。

嵐の天候

上記の謎の多い内部の熱は、もう１つの海王星の謎を説明しているかもしれない。その強烈に荒れ狂う大気である。地球のような惑星と比較すると、海王星は、太陽エネルギーのほんのわずかしか受けていない。しかし、海王星は大混乱である。風は、時速2,000km以上で吹き荒れている。これは地球上での音速の２倍である。大気全体は、奇妙な差動自転を見せている。赤道帯は18時間で海王星を1周し、そのすぐ下は17時間で回っている。だから赤道の風は、その影響で逆方向に回っている。極では、風は別の方向に吹いていて、自転周期より速く12時間で1周する。

巨大な嵐が、しきりに現れたり消えたりしている。ボイジャー2号が接近飛行したとき、3個のサイクロンが大気の最上部まで躍り出ていた。1つは、地球サイズの時計とは逆回りの卵型で、大黒斑と呼ばれるようになった。2つ目は、速く動く白っぽい嵐で、スクーターと呼ばれた。その南の眼のようなサイクロンは小黒斑になった。これらは木星の大赤斑のように長続きしなかった。ボイジャー2号が去って数年後、ハッブル宇宙望遠鏡で観測したとき、当初の嵐は消滅していて、他の嵐が出現していた。回転する嵐は渦巻きのようで、暗くて深い大気中に、井戸を掘っているようである。それらの周りの上昇気流は、メタンの白いハイレベルの巻雲を形成している。

2007年の地球からの観測から、海王星の南極の気温は10℃で、他の部分より高温だった。加熱が十分ならば、極の凍ったメタンは、ガスになって宇宙に飛び出す。その温かさは多分、海王星の長い夏の間保たれているようだ。

内部

海王星について我々はほとんど知らないが、それは、天王星に非常によく似た構造であると考えられる。その凍りついた水素、ヘリウム、そしてメタンの大気は、水、アンモニア、そしてメタンの濃度の高いスープのようなところで、深さを増すと変化する。水とアンモニアの雲は、大気の中で層をつくっている。海王星の密度が、天王星のように、地球サイズの10倍の質量の大きい岩石でできた核を持っていることを暗示している。

海王星の磁場は比較的強くて、地球磁場の27倍パワフルである。さらに、天王星の磁場のように、その軸は自転軸から47°傾いていて、惑星の中心から外れている。その理由はまだわからないが、磁場が海王星内部で生成されている方法に関係すると考えられている。多分、そのぬかるみで伝導性がある氷の中に関係しているようだ。

磁場は、海王星の自転周期を決定するのに役立つ。特に、惑星自体が種々の雲の下に隠れているので。ボイジャー２号は、海王星の磁場によって生成された電波放射バーストを使って、自転周期が16時間７分であることを突き止めた。

環

1977年の驚くべき天王星の環の発見が、1980年代に天文学者に同様の星食を使って、海王星の周りの環を探査させた。その観測は、一貫性をもった結論には至らなかった。星食時間の約３分の１は、何かが明滅するように星光をブロックしたようだが、後の場合は、何も起こらなかった。それで、天文学者は、海王星は部分的な環、あるいはアークしかもっていないと考えた。

1989年のボイジャー2号の訪問が、その謎を解いた。海王星は、繋がった環を持っているが、それらは非常に薄くて、ある意味では塊だらけで歪んでいた。5つの環が発見されて、海王星発見に貢献した天文学者の名前が付いた。海王星に近いところから外側に、ガレ、レヴェリエ、ラッセル、アラゴ、そしてアダムスである。ボイジャー2号の綿密調査から、アダムスリングの初期の観測による断続的な性質を説明できた。比較的一様な幅が、1周の環のなかで保たれている典型的な環と違って、アダムスリングは、その円周の周りの5カ所で、大きく膨らんでいる。天文学者は、膨れ上がったアークに、次のような名前を付けた。一番大きなものから順に、リベルテ、エガリテ、そしてフラターナイトで、4番目の小さいものがコウレッジである。普通、このような不規則性は素早く解消されて一様な環になるが、それらは、海王星の衛星ガラテアの重力によって制限されていると天文学者は考えている。ガラテアは、アダムスリングの内部を公転している。ガラテアはまた、アラゴリングとアダムスリングの間の、名無しの光度の低い塵の多いリングに直接関係しているようである。他の小さい衛星も、そのリングの内部を公転しているが、それらは見張り番衛星として、形状を維持することに貢献しているようだ。

その環の大部分は、薄く煙霧のようで、土星の環より100万倍少ない物質でできている。ガレリングとラッセルリングも薄いが、非常に広く、幅広いパウダー状の道のようである。全ての環の物質が、結合して1つの衛星になっても、それは2km から3km 幅でしかない。

海王星の環の起源は不明であるが、海王星自体よりは遥かに若いようである。１つの説は、衝突した衛星の残骸か、あるいは海王星の潮汐力で引き裂かれた大きな衛星の残骸であるというものだ。ボイジャー２号が最初に確認してから月日が経つが、それらは大きくは変化していない。全てのアークは崩壊しているようだ。特にリベルテの塊は。だから、その環は新しい物質が補給されない限り、今世紀内に消滅するだろうと言われている。実際、海王星の環システムは、最終的に細かい塵まで砕かれて、海王星大気内に螺旋状に落ち込んで行って消滅するだろう。

なお、海王星の環の画像が、ジェームス・ウェッブ宇宙望遠鏡によって赤外線で撮られ、見事な動画が見られるようになった。まるで土星を見ているようである。次の動画で確認してもらいたい。

https://www.youtube.com/watch?v=x_xNusc2E9U

トライトン

海王星の大きな衛星トライトンは、太陽系内の最も顕著な衛星の１つである。惑星を公転する大きな衛星で、惑星の自転方向とは逆向きに公転する唯一の衛星である。そして、その公転軌道は、太陽系の惑星公転平面から157°傾斜している。そのサイズは月の４分の３で、構成物質においては、他の大きな外部の衛星とは似ても似つかない状態である。実際、この衛星は冥王星のようで、比較的密度が高く岩石でできている。多くの天文学者は、ある意味で、海王星に捕獲された冥王星であると考えている。つまり、海王星に捕獲されたカイパーベルト天体である。

トライトンは、太陽系内で、我々が知る最も低温の大きな天体である。約–200℃で、絶対零度の上に大きくいかない冷凍保存の中にいる。そしてまだ、過去と現在の活動の兆候を見せていない。割れ目、平原、不可解なカンタロープ地勢、そして凍ったメタンの極冠をもった傷だらけの表面は、非常に若いようだ。クレーターのような特徴は、スチールのように硬く凍った、氷状火山風の湧昇である水の氷状の湖であるようだ。

トライトンは、薄い窒素の大気と窒素の霜柱の堆積物を持っている。1989年にボイジャー２号が接近飛行したとき、トライトンは、極冠から宇宙空間へ数キロメートルの窒素の大きなジェットを噴き出していて、観測者を驚かせた。これらの極寒の間欠泉は、トライトンの地殻内の、割れ目を通って吐き出しているようだ。その原動力は、地下のある種の圧力である。炭素粒子と混ざって、そのプリュームは、トライトン表面を吹き抜け、黒い筋を表面に残している。

トライトンは、当初捕獲されたとき楕円軌道だった。しかし、現在は円軌道に近い。海王星と逆回りの公転軌道の潮汐力相互作用が、トライトンを海王星の中に、螺旋状に徐々に落ち込ませている。だから、約１億年の内に、トライトンはロッシュ限界に達し、引き裂かれるだろう。トライトンは海王星を回る軌道内で、現在その質量の99％以上を維持しているので、その崩壊の結果、土星のような環をつくると考えられている。

トライトンの生命体の可能性

海王星の衛星トライトンは、そのごた混ぜの地殻の下に、興味をそそる水の証拠を示している。それが、生命体探査の最優先ターゲットにした。

ボイジャー２号が、海王星とその最大の衛星トライトンに、1989年に接近飛行したとき、その衛星上に、かつて見たことのない地形と、表面から噴出するプリュームを発見した。そのとき科学者は、太陽に熱せられたプリュームが見えたと考えた。しかし、木星の衛星エウロパや、土星の衛星エンセラダスのような、海を持った世界の理解が最近大きく進展したので、トライトンのプリュームもそれを示していると考えられる。つまり、その氷状地殻の下に、海を保有して、生命体がなんとか進化した場所であるという可能性が大きくなった。

海を保有した世界は、太陽系に豊富にある。エウロパとエンセラダスは、地球以外では最もよく知られたものである。しかし、準惑星冥王星とセリーズもまた、その地下に液体の水を持つ候補者である。木星の他の大きな２個の衛星カリストとガニメデも、また地下の海を保有しているかもしれないが、その厚い地殻が、アクセスの障害になっている。太陽系の端にある、氷の最も大きい塊の幾つかもまた、地下に海を持っている可能性がある。

外部太陽系内では、岩石と氷の天体であるだけではないようで、地下の液体の水は、地球上の深い海の中で、我々が見るものを基本にした生命体を、保有している可能性があると見られるようになった。

ボイジャー２号が、トライトンを訪れていたのは、ほんのわずかの時間だった。しかし、その訪問は十分に興味をそそるものだった。その探査機は、トライトンの表面は、低く見積もっても1,000万歳くらいの若さであることを発見した。その地表の再構築と再塗装が、地下で何かがときどき起こっていることを暗示している。そのプロセスが、岩石の動きから来るものか、あるいは海の効果なのかは、まだわかっていない。

トライトンの最も興味をひく特徴の１つが、カンタロープメロンの皮に似たゴツゴツした地形である。惑星天文学者は、ダイアピルとして知られている氷の上昇する小滴が、下から加熱されることによって、より壊れやすい表面を通して、それらが押し上げられたとき、この地形ができると考えている。

ボイジャー２号は、また表面上３kmから４kmまで噴出しているプリュームの物質を観測した。太陽がほとんど真上にいたとき、その間欠泉が現れたので、太陽光線が氷を加熱したことによって、窒素が固体から直接ガスに変わって、間欠泉になると考えられている。

エンセラダスとエウロパから水を噴出する間欠泉が発見されたことによって、科学者は、トライトンの間欠泉は、内部の海から来る水のプリュームである可能性があると考えている。

そのプリュームからの物質は、トライトン表面を塗り直している。ボイジャー２号は、以前に活動的であったか、あるいは現在活動的である間欠泉から、落ちてくる物質を示す層を発見した。もしその間欠泉が、液体の海から水を引き出していたならば、内部のサンプルが、その衛星の表面にあることになる。

その後の研究は、トライトンが地下に液体を隠している可能性を暗示した。それは、トライトンを太陽系内の可能性のある生命生存可能場所にしている。

トライトンは、カイパーベルトの中で生まれた。カイパーベルトは、惑星の軌道を越えたところを公転している氷状岩石の環である。カイパーベルトの生涯における初期、海王星と天王星が、それらとカイパーベルトを動かせる密接に関係したダンスをして、その結果現在の位置に来たようだ。この宇宙的なシャッフルから、海王星が、少なくとも１つのカイパーベルト天体を衛星として捕獲したようである。それがトライトンだ。

トライトンの表面は、捕獲時に多分強烈な最初の衝突の震動を感じたようだ。潮汐力加熱は、捕獲時のエネルギー消失が原因で、その軌道のゆっくりとした円軌道への移行は、表面上の地質学的活動が原因であるようだ。氷は動いたか溶解したかで、その内部構造は、短い間影響を受けたようである。

しかし、数十億年前のその１つのイベントでは、トライトンの表面をフレッシュに保つには十分ではない。何か他のものが、今日その内部を温めて、液体の海をつくっているに違いない。エウロパでは、木星と他のガリレオ衛星からの変化する重力的引きが、海を維持する手助けをしているようだが、トライトンは、ただ海王星の一番大きな衛星であるだけだ。

その代わり、それは液体の海を可能にするトライトンの軌道上の傾きである。トライトンは、いつも同じ面を海王星に向けているが、その軌道は、海王星の赤道面を上下に上げ下げして公転している。すると、その極は季節によって変化する。トライトンが、氷状巨大ガス惑星である海王星を公転するとき、その傾きは、その内部の異なった部分が、海王星の重力によって捏ねられることを意味する。そのことが凍った固体から、液体の海を保つに十分である説明ができると専門家は言う。

トライトン探査に、トライデントミッションがある。2026年初頭に打ち上げられる予定だ。木星重力のお陰で、トライデントは12年で海王星に到達できるようだ。トライトンへの接近飛行の間、トライデントは約500 kmという距離まで最接近して、地下の海の存在を探知する予定である。

海王星の統計値

質量：17.15地球質量
直径：49,500 km
太陽からの距離：30.1 au（1 auは太陽と地球の間の平均距離）
平均表面気温：−201℃
自転周期：16時間7分
公転周期：165地球年
衛星：少なくとも14個

第17章　冥王星系

ニューホライズン探査機が、冥王星は、数十億年間活動的であった複雑な地質と、荒涼とした美しさの世界であることを明らかにした。

2015年夏、NASAのニューホライズンミッションが成功裏に、そして壮観に、冥王星系の最初の調査を完了した。ほんの数週間の内に、冥王星は光の点になり、その光の輝きの中で、遠くからその惑星を研究できるだけになった。そして、この歴史的接近飛行で、NASAとアメリカは、宇宙時代が始まったとき、知られていたすべての惑星の偵察飛行を完了させた。ニューホライズン探査機は、カラーと全ての波長による画像、スペクトル、そしてデータの豊富な収穫を持った。スペクトルは、紫外線波長と赤外線波長の両方で、その表面の地図を描いた。データは、冥王星と５つの衛星について、我々の知識を変えた粒子とプラズマについてのものだった。今までの発見で、主要なものは、次のことである。冥王星は、45億年の全生涯において活動的であった。この小さい準惑星は、火星のような、さらに大きな惑星と同じくらい複雑である。冥王星の大きな衛星シャーオンは、予想した以上に複雑である。そして、冥王星の４つの小さい衛星は、以前に訪れた他のどの小さい衛星系とも、似ても似つかぬ習性と特徴を表している。

それでは、ニューホライズン探査機が冥王星とその衛星系について成し遂げた、多くの鍵を握る発見について、その詳細をみていくことにする。

氷状の不思議の国：冥王星

✧スプートニク平原

地質学的には、活動的な隕石衝突による海盆である。これは、冥王星の心臓型のトンバ領域の西半分を形成している。トンバ領域は、1億6,000万 km 離れたところからでも、冥王星表面上において、光輝で反射率の高いビーコンのように輝いている。後のクローズアップ画像によると、スプートニク平原は、90万 km^2 以上の表面地域で、巨大な氷状平原である。それらの画像はまた、スプートニク平原はほとんど完全に平坦で、地表から3 km から4 km 突出する山脈によって、すべてのサイドがリング状に取り囲まれている。これは、テキサス州サイズの地形が、冥王星とカイパーベルト天体との古い時代の衝突によって、形作られた巨大な海盆のようである。そのカイパーベルト天体は、たぶん100 km から200 km 幅であったようだ。

しかし、スプートニク平原には、天体衝突起源以上のものがある。この大きく広がった平原の中央と北部地域は、その氷の中に多孔性のパターンを見せている。その多孔性は、50 km から100 km の特徴的なセルサイズである。そのセルは、100 m に至る深さの浅い凹みによって取り囲まれている。スプートニク平原の南部と東部地域は、このようなセル状の地形は見せていない。その代わり、これらの地域は、特徴のない平原のように見え、最大３kmから４kmの長さの無数の穴が見られる。それらの穴は、氷の昇華の結果であると考えられる。昇華とは、氷が直接ガスに変わることをいう。

また、スプートニク平原の何処にも、１つのクレーターも発見できなかった。計算によると、その表面は1,000万年以下の年齢であることを意味している。天文学者は、この若い年齢とスプートニク平原北部と中心部の多孔性の性質を、深い氷からの熱的対流に対する証拠であるとみている。しかし、この熱の流れをもたらしたエネルギーは、何処から生じたのか、未だにはっきりしていない。

✧冷たいもやのかかった大気

ニューホライズン探査機の主要目的の１つは、冥王星大気調査であった。科学者は、1980年代後半、地球からこの特徴を発見したが、ニューホライズン探査機は、その考え方の多くをひっくり返した。例えば、温度が予想より数十度低い上部大気を発見した。この接近飛行前、それは十分に温かくて、膨大な大気の脱出率を引き出すと考えられていた。その脱出率は彗星のものに匹敵すると予想していたが、地球のような脱出率であることがわかった。それは、予想より約100倍から1,000倍ゆっくりである。

ほぼ20年間に亘って行われた地球上の観測から、冥王星の大気内に、煙霧と分離した雲の層を見つけることはできなかったが、ニューホライズン探査機は、その両方を発見した。

その科学者チームは、ニューホライズン探査機からの画像内に、二十数個以上の煙霧層を数えた。それは、冥王星表面から200 kmの高度に至るまで延びている。これらの煙霧は、紫外線光が、冥王星大気構成物質の大部分を占める、窒素、メタン、そして一酸化炭素と相互作用したとき、光化学作用によって形成されたようである。これらの煙霧の粒子は、約0.1ミクロンから0.5ミクロン幅まで成長し、最終的に冥王星表面へ大気から沈泥する。日没のときカラーで見ると、その煙霧は、日光を散乱させてブルーの色になる。そのブルーが、遥か彼方の惑星上に、青い空の忘れられない美しいイメージを創る。そして、冥王星の夜の部分の上に、その煙霧が太陽光を数百キロメートル幅で投げかけているのが見えた。

✧数十億年に亘る活動

スプートニク平原は、推定年齢は太陽系年齢の約１％より遥かに少ないちょうど1,000万歳であるが、冥王星の他の地域は、驚くほど異なった年齢をもっている。南部スプートニク平原の西に、クシュルフがある。この地域は、大きくて黒く、揮発性物質に欠ける地域である。それは、比較的低温で、蒸発する物質に欠けていることを意味する。クシュルフは、冥王星上で、最もクレーターの多い、そして古い地形を含んでいる地域である。これらのゴツゴツした地域は、40億年以上の年齢であるとみられている。スプートニク平原とは逆の古さである。

さらに驚くことは、冥王星の心臓部の東部突出部の地形である。この地域は、東部トンバ領域として知られ、ちょうど10

億歳という中間の年齢をもっている。スプートニク平原、クシュルフ、そして東部トンバ領域を一緒にすると、冥王星全体の45億年の歴史を通した、地質学的に活発であった惑星の姿を見ることができる。冥王星のような小さい惑星が、このように時間的に長い間、このような活動を如何にして続けたかが謎である。

✧テクトニクスと火山

ニューホライズン探査機が、最接近でよく見えた冥王星の半球は、無数に広がったテクトニクスの特徴を示していた。その特徴は、表面が広がって離れたとき形成されるもので、削平衡作用のいろいろな段階にある。最も目覚ましいのが、3km から4km の深さのV型凹地で、ヴァージルと呼ばれていて、200km 以上無傷で走っている。数多くの他のテクトニクスを示す特徴は、冥王星上の地質学的活動を経た証である。しかし、さらに劇的で驚くべきことは、2つの150km 幅の山脈である。その山脈は、山頂に深い中央の穴がある。ライト・モンスとピッカード・モンスと呼ばれるこれらの特徴は、ハワイのマウナケアやマウナロアのような、楯状火山に対する強い構造の類似を見せている。その側面上のクレーターの欠乏は、それらが過去数十億年間活動的であったことを暗示している。内部太陽系惑星を除くと、この特徴を持つ大きな火山は、太陽系の何処にも見られなかった。

✧冥王星表面内の層の重なり

冥王星表面の高解像度画像はまた、幾つかの場所のはっきりとした層の重なりを明らかにした。この刺激的な、そして予期しなかった特徴は、アル・イドリス・モンテの大きな山脈の麓で探知された。しかし、その科学者チームは後に、これらの山脈の北西にあるクレーターや渓谷の内部に、さらに多くの層の重なりを発見した。深さで、冥王星の地殻構造内の変化を我々は見ているのか。あるいは、大気煙霧の沈降率の中の時間的変化の結果を見ているのか。全くわからないと彼らは言う。

✧水は至る所にある

その科学者チームが、初期の高解像度画像内に、冥王星表面上の急勾配の山脈や大渓谷を見るやいなや、これは予期したように、冥王星の地殻は、氷でつくられていることを意味することがわかった。それは、科学者が地球から探知した、冥王星表面上にある揮発性の高い窒素、メタン、そして一酸化炭素の氷では弱すぎるので、このような急勾配の地勢を保持することはできないからである。だから、水の氷は、外部太陽系全体の至る所にあることを知り、冥王星質量の３分の１に至るのは、水であることを示した冥王星内部の密度測定から、間接的に水の存在が予測できた。冥王星は、水の氷でできた地殻を持つようだと。

その予想は後に確認された。それは、水の氷が直接露出した表面上の多くの場所がわかったときであった。地球からの望遠鏡では、このような兆候は見つけられなかったのは何故かという謎は残る。しかし、水の氷の兆候は、見逃すことはできない。冥王星の水の氷の地殻は、そのディスク全体で数百の地点で見られる。

シャーオン：多面性をもった衛星

ニューホライズン探査機は、シャーオンについて、我々の予想の幾つかを確認した。そこには、シャーオンの1,214 km という直径が含まれる。これは、地球からの測定値とちょっと違う程度の値である。他には、表面上の露出した揮発性の氷の欠乏、そして、どのような大気も存在証拠がないことを含んでいる。しかし、クローズアップデータは、シャーオンについて、他の多くの詳細を明らかにした。それらが、シャーオンについての物語を豊富にし、シャーオン自体を驚くべき天体にした。

たぶん、これらの中の一番は、シャーオン表面上の地質学的特徴の幅広い変化であろう。北半球のクレーターの多い地形から、南半球の複雑な初期の歴史を示す氷が押し寄せたような地形まで、シャーオンは明らかに、ある時期、地質学的に活動的であった。その表面は、奇妙な小穴のある地形、光輝な、そして黒い放射線をもったクレーター、そして赤道上に広がったテクトニックベルトが姿を見せている。そのテクトニックベルトは、非常に大きくて、グランドキャニオンを貧弱に見せ、火星のマリネリス渓谷を除く、太陽系内の他のいずれとも遜色ないものにしている。その科学者チームは、シャーオンはかつて、水から成る地下の海を有していて、それが凍ったとき、その表面は膨張し、断層組織を形成したようだと考えている。
しかし、奇妙なことに、最接近して見た半球上のすべての地形を約40億歳、あるいはそれ以上と年齢を定めた。これは、すべてのこれらの特徴的地形は、多かれ少なかれ一緒に生まれたことを意味する。その時期は、シャーオン自体が形成された後すぐの、内部が活動的な短期間であった。
その科学者チームはまた、幾つかのクレーターに見られたアンモニアに富む堆積物や、水の氷の表面全体に広く撒き散らされたアンモニア、あるいは水和アンモニアの低いレベルの集中した堆積物を発見した。太陽系の他のどの氷状衛星上にも、アンモニアに富む地形は見られない。何故、シャーオンだけが、このユニークな構造的秘密を見せたかは謎である。
もう1つの謎は、シャーオンの北極にある。その北極は、300 km から400 km 幅の、暗い赤みがかったキャップを付けている。高解像度画像は、これらの暗い赤みがかった極地の堆積物は、明らかに、極の地勢の上に付けられたシミであることを示した。この物質形成に対する優勢な理論は、それは、冥王星大気から運搬されて、シャーオンの冷たい極地の地形上に凝縮した揮発性物質であるという。放射線照射はそのとき、それを黒く、そして赤くして、ソリンと呼ばれる炭化水素や質量の大きい分子にする。この考え方が正しいとすると、この接近飛行では見えなかった南極も、同様のシミをもつはずである。冥王星への将来のミッションは、間違いなく、これをチェックしようとするだろう。何故なら、それはまた、長い間もたれた推測を確認できるからだ。その推測は、冥王星大気は、ときどき十分に拡張して、シャーオンと分かち合うということである。

奇妙な小さい衛星

冥王星の小さい衛星もまた、驚きの連続であった。2005年から2012年の間、ニューホライズン探査機関係科学者は、ハッブル宇宙望遠鏡を使って、４個の小さい衛星を発見した。それらにスティックス、ニックス、ケルベロス、そしてヒドラという名前が付けられた。この順番で、冥王星に近いところから公転軌道をもっている。ニューホライズン探査機は、接近飛行の間に４個すべての画像を撮り、それらが約10 km幅から約50 km幅のサイズであることを知った。ニューホライズン探査機が、冥王星に接近したとき、さらに衛星を発見できないかと期待し、長い間、厳密に探査を行ったが、新しい衛星は発見できなかった。これも、大きな驚きであったが、それですべてではなかった。

次のような発見もあった。その小さい４個の衛星すべてが、細長い形をしているが、その４個は内部のペアと外部のペアに分類できるようだ。それぞれのペアは、１つの大きい衛星と１つの小さい衛星を含んでいる。少なくともそれらの２つであるスティックスとヒドラは、二裂であるように見える。それらはまるで、かつて冥王星を公転していた、小さい衛星の融合によって形成されたようである。このようなものは、太陽系内惑星の中で、他の何処でも発見されていない。

さらに謎がある。その小さい衛星の画像から、予想より遥かに多くの光を反射していることがわかった。約35%から40%というシャーオンの表面反射率より高く、それらすべては、70%から80%に近い反射率をもっている。実際、何故か、この4個のすべての衛星が、平均して冥王星より反射率が高い。各衛星は光輝な氷状表面をもっている。しかし、それらが氷状であろうがなかろうが、この4個の衛星は、カイパーベルトからの彗星の破片によって連打されたに違いない。そして、彗星と同様ならば、その破片は非常に黒いはずである。だから、何故、冥王星の4個の小さい衛星が、衝突してくる天体の連打の後、黒くならなかったのか。それはミステリーである。

また、これら小さい衛星に対する自転率がわからない。4個すべてが、公転周期よりはるかに速く自転していることがわかった。動的計算によって保証された一般的通念によると、これら4個の衛星は冥王星に対して、潮汐力ロックされているはずだ。だから、その自転周期は、公転周期に一致するはずである。つまり、20日から38日である。シャーオンは、そのようにしている。しかし、同様であるはずの小さい衛星は、そうしていなくて、それらの自転周期は、5.3日からちょうど0.4日まで下がった範囲である。0.4日は、ちょうど10時間である。

何が、このように速い自転周期を維持させているのかは、まだわからない。何故、これら4個の衛星すべてが、冥王星とシャーオンの自転軸から80°、あるいはそれ以上傾いた自転軸をもっているかも謎である。

冥王星の統計値

質量：0.002地球質量
直径：2,380 km
太陽からの距離：39.5 au（1 au は太陽と地球の間の平均距離）
平均表面気温：−233℃
自転周期：約6.4地球日（自転が逆方向）
公転周期：248地球年
衛星：シャーオン、ヒドラ、スティックス、ケルベロス、ニックス

第18章　アロコス

太陽系の新展望

1992年、天文学者デイヴィッド・ジューイットとジェイン・ルーが、最初のカイパーベルト天体を発見した。それは、クライド・トンバが冥王星を発見したときの状況になった。すぐに科学者は、数十個のカイパーベルト天体を発見し、その数は数百個になり、最終的に数千個のカイパーベルト天体発見につながった。カイパーベルト天体の大部分は、古い微惑星である。それらは小さい天体で、それらから惑星が形成された。しかし、そこには少数の冥王星のような大きな天体があり、準惑星と呼ばれるようになった。そこで太陽系惑星を「岩石でできた惑星」、「巨大ガス惑星」、そして「準惑星」と分類するようになり、これは、惑星の３番目のクラスになった。このような天体の存在が、太陽系に対する惑星天文学者の見方を大きく変えた。その見方は、岩石でできた惑星地域を第１ゾーン、巨大ガス惑星地域を第２ゾーン、そしてカイパーベルトを第３ゾーンと考え、木星、土星、天王星、そして海王星は、外部惑星と呼ばれるよりも、巨大惑星と呼ばれるようになった。

カイパーベルト

上記のジューイットとルーは、「太陽系は冥王星で終わっていて、その外側には、ほとんど何もないということはないだろう」と考えて、1992QB$_1$を発見した。しかし、これは新アイデアではなかった。アイルランド人天文学者ケニース・エッジワースも、海王星を越えたところに天体は存在すると考えた1人だった。皮肉にも、ジェラルド・カイパーも同じことを考えた1人で、それらの天体を現在「カイパーベルト天体」と呼んでいる。彼も、海王星を越えた太陽系の深淵に、もっと小さい天体がばら撒かれていると考えた。だから、そのような天体の集まりを「エッジワース・カイパーベルト天体」と呼ぶこともある。あるいは「海王星を越えた天体」とも呼ばれている。

1992QB$_1$の発見以後、このような天体発見数は鰻登りになった。そして、1992QB$_1$は直径100kmくらいの小さい天体だが、その後、もっと大きな天体も発見された。冥王星の直径が2,380kmであるが、これと遜色ない天体も発見されるようになった。その主な天体は、ハウメア、マケマケ、そしてクワーワーで、前者の2つは、冥王星の半分のサイズである。冥王星のように、これらの天体は、主要構成物質は氷で、そこに少量のメタンとアンモニアが混ざっている。さらに興味深いことは、ハウメアには、ヒイアカとナマカと名付けられた衛星があり、クワーワーもウェイウォーという衛星を持っている。

2003年には、マイク・ブラウンをリーダーとする研究者チームが、冥王星よりも遠くにある天体を発見した。それは太陽から40auと100auの間を公転している。それがエリスで、これは冥王星より少し大きくて質量も少し大きい。そこで、大問題が発生した。冥王星が惑星なら、エリスも惑星だという論争が起こり、両方とも「準惑星」ということで収まった。

現在、カイパーベルト内の準惑星は、冥王星、エリス、マケマケ、そしてハウメアである。そこに、以前に話題になった「セリーズ」が追加された。

カイパーベルト内に発見された天体は、ほんの一部であって、さらに多くの天体があることがわかった。それらの天体が、カイパーベルトの形成と海王星への影響に関係している。惑星形成理論は、海王星は天王星より太陽に近いところで形成され、木星の影響で外部に押しやられ、天王星と公転軌道が入れ替わったと主張している。その太陽系の外部地域は、小さい氷状天体で満たされていて、海王星が外部に動いたとき、2つの大きな影響を与えた。1つは、その天体の多くが、太陽系のさらに深淵部に撒き散らされて「撒き散らされたディスク」を形成したことだ。これらの天体は、非常に長軸の長い公転軌道で、その軌道は、主要惑星公転軌道平面から大きく傾いているという特徴を持っている。2つ目は、そこの天体を共鳴公転軌道に入れたことである。それらが冥王星と同じタイプの軌道を持つ天体グループをつくっていて、これらは「冥王星達」と呼ばれている。

全てのカイパーベルト天体が、海王星の影響を受けたわけではない。古典的カイパーベルト天体と呼ばれるグループがあって、これらの天体は、太陽から60億kmくらいの距離のところをほとんど円に近い軌道で公転している。このグループの特徴は、太陽から70億kmの距離で、鋭い外部の端を持っている。このディスクの切り離しは、外部に動いた海王星の影響か、あるいは、存在するカイパーベルトが外部に延びていて、これはそこにある単なるギャップなのか、はっきりしないようだ。この付近の天体は、非常に遠方であるので、今日のテクノロジーでも探知が困難である。

ニューホライズン探査機

ニューホライズン探査機は、ボイジャー探査機の21世紀の後継者として建造された。それも同様に原子力をパワー源にしているが、それは、ボイジャー探査機のちょうど5分の1のコストで、2006年1月19日に打ち上げられ、2007年2月に木星に接近して、その重力の援助を受けて、2015年夏、最初の冥王星と冥王星系を探査するミッションになった。この探査機は、ボイジャー探査機の約3分の1の重量で、多くの最新科学機器を装備している。それらの機器は、1世代進化したテクノロジーで建造されたので、その機器類は、実際にボイジャーの機器類の数千倍の機能を有している。またメモリーも大きいので、ボイジャー探査機が記録したものの100倍以上のデータを保存できる。

アロコス

ニューホライズン探査機は、冥王星系探査の後、エンジンに点火して、2014MU$_{69}$と呼ばれる小さいカイパーベルト天体に向かった。そして、2019年1月1日の接近飛行のターゲットとした。この天体には後に、「アルティマ・トゥーリ」というニックネームが付き、現在は「アロコス」と呼ばれている。

科学者は、ニューホライズン探査機が到着する前、アロコスの軌道、長さが約30km という大まかなサイズ、楕円体、あるいは多分二重星系、その赤っぽい色、そして大きな衛星がないことを知っていた。

アロコスの1つのキーとなる特徴は、この天体が属するタイプである。この天体は、いわゆるコールド古典的カイパーベルト天体のタイプに入る。大部分のこのタイプのカイパーベルト天体は、今公転している軌道上で形成されたと考えられている。だから、大部分のカイパーベルト天体とは違って、太陽に近いところで形成されていないので、太陽に温められていない。また冥王星とは違って、アロコスは非常に小さいので、長い間強い地質活動を維持できなかった。これらの2つの事実によって、アロコスは、探査機が探査した他のどの天体よりも原始的な性質をより良く残している。従って、この天体は太陽系が形成されたとき、太陽系外部地域における当初の原始的微惑星が、どのようなものであったかを、科学者が初めて見る機会を提供している。

アロコスへの接近飛行は惑星探査になる。それは、太陽系と最初の惑星形成ブロックの、古い過去の中への未曾有の考古学的調査を行うことと同じであった。

発見されるものを知らないとき、その偵察を計画する最良の方法は、できるだけ大きく目を開いて見ることである。だから、さらに高解像度の観測を行うために、冥王星のときよりも、さらにニューホライズン探査機は、アロコスに近づいた。

冥王星より高解像度でアロコスの地図を作り、また地表の構成物質を地図化し、その温度を測定し、レーダー反射率を計測し、そして小さい衛星を探した。コールド古典的カイパーベルト天体には、多くの衛星が発見されたからである。大気は、存在しない科学的理由があるように思われるが、大気の存在も探査し、そして、どのような小さいカイパーベルト天体にも見られなかった、その天体を取り巻く塵、あるいは環を探した。

アロコスへの、太陽風と荷電粒子に取り囲まれた環境も探知した。要するに、ニューホライズン探査機が、アロコスを探査して得た全てのことを探究した。

発見したこと

アロコスは、ひっついた二重小惑星である。それは、２つの同じようなサイズの天体の、ソフトな融合によってつくられた。研究者は、幾つかの彗星における、ひっついた二重天体のような起源を持つ、２つの耳たぶのような天体に対する事実は発見している。しかし、それらの彗星が、２つの耳たぶを持つような天体として誕生したのか、あるいは、それらの天体が、太陽に接近したときに受けた内部の強烈な熱プロセスと風化が、もっと後になって、そのような形状にしたのかは不明である。アロコスは、一度も太陽に近いところまで来ていないので、その形は、このような経過の結果である可能性はなく、原始的であるに違いないはずだ。

もう1つの驚きは、起源も年齢もわからない、もっと明るい物質で覆われた耳たぶの間の狭い接触部分の発見である。二重小惑星の首に当たる部分のこの明るい襟が、融合自体によってつくられたのか、あるいは後で、進化してそのようになったのかは目下議論中である。

アロコスの全長は、ほぼ正確に35 km である。それは、典型的な彗星の核の約10倍の大きさだ。そして、アロコスは、平坦で球形ではないので、典型的な彗星の核の数百倍の容積を持つ。そこで、2つの耳たぶを「アルティマ」と「トゥーリ」と呼んだ。もちろん大きい方がアルティマである。それで、アロコスの前の名前「アルティマ・トゥーリ」になった。

ニューホライズン探査機は、アロコスの平均表面反射率をちょうど7%と計測した。これは、大部分の彗星表面より高い率だが、裏庭にある土壌よりはずっと黒っぽい。しかし、それは平均値であって、その反射率の幅は、約5%から12%である。この天体は15.92時間毎に1回転する。それは、他のカイパーベルト天体とほとんど同じだが、自転軸は公転平面から大きく傾いていて、その値は約99°である。これが、接近飛行の前、ハッブル宇宙望遠鏡、あるいはニューホライズン探査機が、2018年秋と初冬にこの天体に近づいたときでも、観測からその光度のどのような変化も探知できなかった理由である。

アロコスは、多くのカイパーベルト天体と同様に、赤であることがわかり、高解像度画像が、表面を横切るはっきりとした色の変化のある、２、３の地域を明らかにした。予想したように、水の氷の証拠は発見され、表面にあるメタノールも探知できたようである。メタノールは、アロコスを赤くしている原材料物質に関係しているようだ。

発見されていないもの

アロコスが、大気を保有していることを予想しなかった。何故ならば、昇華して、このようなガスをつくるどのような表面の揮発性のある氷も、長い間に逃げ出すからである。そして、結果的に大気は発見されていない。衛星、あるいは環を持っているかの証拠を探した。多くのカイパーベルト天体は、衛星を保有している。特に、コールド古典的カイパーベルト天体はそうで、アロコスは、このような部類に属している。２、３の現在の、あるいはこのベルトから逃げ出したカイパーベルト天体でも、衛星を保持している。アロコスは、衛星を持っていなかった。

アロコスは、２つの耳たぶ上に、識別できる地勢タイプと比較的明るい線形の特徴を示し、はっきりしないパターンで、地表を横切るレースのような特徴を見せている。２、３のクレーターも発見された。それらは多分、隕石衝突でできたと考えられる。大部分の顕著なクレーターは、小さい方の「トゥーリ」

の耳たぶにある。
表面上に穴を発見した。それらの穴は同じようなサイズで、お互いに緊密な関係にあるようで、時にはチェーンになっている。その状態から、外部からつくられた隕石衝突クレーターというよりも、昇華、あるいは内部から形成された、崩壊の穴の可能性が強いと考えられる。さらに大きい方の耳たぶ「アルティマ」上に、その耳たぶに君臨し、お互いに隣接している8カ所の同じようなサイズの地域が発見され、それらはさらに明るい境界によっていつも分離されている。これらが、アルティマを形成した、幾つかの小さい天体であるのか、あるいはアルティマ、あるいは二重小惑星アロコスが形成された後、地質学的につくられたのかは目下激論中である。
二重小惑星の2つの耳たぶの詳細な調査は、どのような割れ目、あるいはその2つの耳たぶの間の激しい衝突の他の兆候も明らかにしなかった。それらの明らかにソフトな融合から、古い太陽系形成時の、太陽系星雲の崩壊した個々の雲の中の、同じ雲の中でアルティマとトゥーリは形成されたと考えられる。この仮定は、その2つの耳たぶの同じような反射率、色、そして構成物質からも支持できる。
アロコスの一番大きな特徴は、その耳たぶの形状である。1つは、球形というよりもパンケーキのようで、もう1つは、クルミのような形状である。これは予想外だった。何故ならば、以前に見たカイパーベルト天体の中には、このようなものはなかったから。実際これらの形状は、カイパーベルト天体形成モデルでは予想できなかった。

アロコスが融合二重小惑星であるという事実から、多くのカイパーベルト天体が、このような形状をしている可能性がある。だから、それを説明する何か他のモデルがあるようだ。しかし、アロコスの自転軸の高い傾斜角が、それを難しくしているようだ。何故ならば、カイパーベルト天体形成の大部分のモデルは、太陽系星雲自体の角運動量から予測できるような、主惑星公転平面に関して、さらに上下に動く自転軸を予測しているからである。

アロコスについての発見は、それらを理解するために、何年も必要であるようだ。

学べること

アロコスでの発見が、他のカイパーベルト天体に光を投げかけている。特にコールド古典的カイパーベルト天体に対して。例えば、アロコスの異成分から成る地質学から、他のカイパーベルト天体もまた、それらがどのように結合し、若いとき進化したかに対する手がかりを持っているかもしれない。さらに、アロコスが明らかに衛星を保有していないという事実が、ソフトに結合した二重小惑星に進化したカイパーベルト天体は、このような天体になる２つの耳たぶをもたらした軌道上の進化の過程で、全ての衛星を弾き飛ばしたようであることを暗示している。

さらに、アロコス上のクレーター数が、太陽から43 au から45 au の範囲内の軌道を持つ小さいカイパーベルト天体個体数に、新しい光を投げかけている。1 au は、太陽と地球の平均距離を表す。このことから、どのような現存する望遠鏡や計画中の望遠鏡でも、光度があまりにも低すぎて探知できないサイズのカイパーベルト天体個体数を探査できる。冥王星上と他の幾つかの準惑星上で見られた窒素分子、一酸化炭素、そしてメタンのような露出した揮発性の氷の欠乏が、準惑星よりはるかに低い重力を持つ小さいカイパーベルト天体は、このような揮発性物質の昇華で、自然に形成される大気を保有できないという理論を確認しているようである。従って、アロコスのような小さいカイパーベルト天体の表面は、形成後すぐに乾燥したようだ。

アロコスの統計値

特徴：二重小惑星
全長：約35 km
太陽からの距離：約43 au（1 au は太陽と地球の間の平均距離）
自転周期：15.92時間
公転周期：約298地球年

第19章　彗　　星

彗星は、過去もそうだったが、今日も人々の注意を引く天体である。その理由は時代とともに変遷してきたが。大彗星は、多くの人々に好奇心をもたせて夜空を見上げさせる。その魅力は、テレビ、スマートフォン、インターネットの発展した今日でも衰えることはない。過去との違いが何かあるとするならば、現代の科学技術の発展が、人々に彗星について学ぶことを、そして眺めることを容易にしている。

彗星は、過去数千年、人類に詳しく知りたいという願望と魅惑的なものを引き出させた。そして、彗星について、我々の知識は時代の進展とともに進化した。しかし、彗星の構成物とその発祥地についての発見は、驚くことに、つい最近であった。そして、その知識は探査機を飛ばし、クローズアップの研究を行って、驚異的な発展を遂げた。

歴史

夜空に注意し始めた最初の原生人も、間違いなく彗星に気づいただろうが、現存する最古の彗星の記録は、紀元前300年頃になる。中国長沙の馬王堆漢墓の漢王朝の墓から出土した絹に、様式化した29個の彗星の絵が描かれている。これは、中国人天文学者が、この織物の上に彗星を記録するずっと前から、数百年間に亘って、彗星の出現に注意深い関心を示したことを意味する。それに続く幾世紀間も、世界中の大部分の文化も彗星を記録してきた。現存するほとんどの彗星の記録が、近代の観測の詳細には欠けているが、過去に出現した彗星の記録が、今日の彗星との繋がりについて大変役立っている。

歴史的に見ると、観測者は彗星の性質について知らなかった。だから、その予期しない出現が、しばしば破壊の前触れと考えられた。夜空における彗星の普通でない動きは、予期できる恒星や惑星のパターンからは逸脱していた。それで、多くの人は、彗星は大気圏内の現象であると考えた。科学技術が発展して初めて、注意深い観測者が、彗星は太陽を公転しているということを発見した。その後の研究が、彗星の構成物や性質についての理解を深めていった。しかし、最初の納得のいく正しい彗星の理論が出たのは、20世紀中頃であった。探査機が実際に彗星に接近して、初めて彗星の性質について知ることができた。それは、ほんの数十年前のことであった。

扇情的ジャーナリズム

リーダーシップを強化する方法として、アメリカは恐怖を前面に出そうとした。ワシントンD.C.の新聞『デイリー・ナショナル・インテリジェンサー』は、1857年3月17日に次のような記事を載せた。フランス人天文学者ジャクエス・バビネが、6月13日に彗星が地球へ衝突すると予想した。そのニュースは、瞬く間に全米に広がった。しかし、ニューヨークの新聞『ハロルド』が３月30日に、バビネは彼の予想を否定して「彗星に殺される人は、恐怖、愚かさ、そして無知で死ぬだろう」という記事を載せた。

1861年初頭、アメリカで南北戦争が勃発したすぐ後、明るい彗星（C/1861J1）が夜空に輝き、その尾は100°近くまで伸びた。1861年７月２日の新聞『ウィスコンシン・デイリー・パトリオット』の編集者は、多くの人々が凶事を予言するその彗星が、戦時中に出現したので恐れていると書き立てた。しかし、幸運にも、ニューオーリンズの新聞『ピカユネ』は、夜空を彩る彗星の出現は、平和よりも戦争を予言するものでは決してないと我々は考えるという正当な記事を載せた。

19世紀の残りの間、1872年、1892年、1899年に、新聞は、さらに多くの彗星の地球への衝突を予測する記事を掲載した。最初の記事は単なる噂であって、２つ目は未確認事項であり、３つ目は数学的計算ミスの結果であった。多くの大彗星がこの時期出現した。その中に９月大彗星（C/1882R1）が含まれ、この彗星は昼間でも十分見えた。しかし、人間はもはや凶事の予想に翻弄されないだろうと考えられていた1910年に、ハレー彗星が出現した。

この時代、天文学者も、このハレー彗星は特に素晴らしい光景であることは予想できた。そして、新聞は、地球がハレー彗星の尾の中を通過するというニュースを広めた。これが、如何に科学的情報がねじ曲げられたかの良い例となった。『ニューヨーク・タイムズ』は、1910年、シアンが彗星には普通、構成物質として含まれていて、このシアンは、人間には有毒なガスであると書いた。天文学者は、心配することはないと言ったが、多くの人がパニックに陥った。そこで、事業主が救済に登場し、シアンガスから人々を守るために、反彗星ピルと呼吸用マスクを売った。これが飛ぶように売れたが、それらを使わなかった誰も死に至らなかった。また、彗星の影響で誰も死ななかった。

次の10年間も多くの大彗星が出現したけれど、2つの世界大戦が彗星の出現と重なったにもかかわらず、恐れる人は出なかった。その代わり、より大きい、そして性能の良い望遠鏡を使って、天文学者は、彗星が実際何であるかの理解を深めていった。人々は、古代の、そして中世の人々のように、真剣に彗星を占星術と関連づけることはもはやなくなった。民衆の大多数は、大彗星出現を楽しみにして、決して恐れることはないということを理解した。

汚れた雪玉

1950年、マサチューセッツ州ケンブリッジにあるハーバード大学のフレッド・ホイップルが、彗星は、氷の塊、あるいは汚れた雪玉であると提唱した。基本的な考え方は、次のようである。氷と塵の塊である彗星の核が、太陽に近づくと、上昇した温度が、表面近くの氷を直接ガスに変えるという昇華が起こる。そこで生じたガスが、塵の小さい粒子を核から引き寄せ、コマと呼ばれる物質の拡散した雲のようなものを核の周りに形成する。太陽風からの粒子と照射が、そのガスと塵をコマから吹き飛ばして、２種類の尾を形成する。１つはガスからなり、もう１つは塵からできている。前者がイオンの尾で、後者が塵の尾である。

ホイップルの見識は、彗星研究の新時代の先駆けであった。すぐその後、天文学者は、初めて彗星の広範囲な組織的研究を始めた。その後、数十年間に亘った望遠鏡技術と研究テクニックの進展が、以前には未使用であった、光の波長を使った彗星研究を可能にした。約30年前に始まった、彗星への探査機ミッションが、彗星研究を助長し、これらの汚れた雪玉の中から、選ばれた彗星の観測を増強した。

我々は現在、彗星の核は、一般に２km から３km 幅と比較的小さく、石炭よりも黒く、水の密度の約半分であることを知っている。彗星の核は、不規則な形をしていて、時間とともに変化する地形をもっている。コマの中に見える大部分の物質は、表面のほんの一部分である活動的地域から来ている。そして、そのガスは、しばしばジェットの形でこの部分から離れて行く。水の氷の昇華が、我々が見る活動の大部分の動力源となっている。しかし、メタン、アンモニア、一酸化炭素、二酸化炭素といった他のガスも同様に活動力になる。これらのガスについて、現代の研究から、彗星内の物質の分布という価値ある見識をもち、彗星を形成した太陽系領域まで、それらの形成を追跡できた。だから、彗星がその予期不可能性から神秘的なものを残す中で、彗星の一般的な物理学的性質を合理的に理解することができた。その彗星の性質は、ホイップルの考え方から遠く離れたものではなかった。

なお、彗星に探査機を送り込んで調べたことについては、拙書『地球の影』第2章「太陽系」彗星（p. 91〜）を参照されたい。

何処から来たか

増加する彗星についての知識は、宇宙の、そして地球上の観測状況の改善による発見だけからくるものではない。太陽系の進化における、数百万にもおよぶ彗星の軌道シミュレーションを可能にした、増大するコンピュータパワーにも負うところは大きい。太陽系進化の一般的な定説は、今日、我々が見る彗星分布について、詳細を説明するところからきている。そして、惑星や小惑星、彗星は驚くほど大きく移動してきた。

彗星は、相当量の水の氷から構成されているので、スノーラインを越えたところで形成されたようである。スノーラインとは、氷が存在できるところで、木星から冥王星の間あたりで、太陽からの距離が少なくとも5 auのところである。1 auは太陽と地球の平均距離をいう。だから、彗星はその内部にある氷が、溶けないことが必要なので、この距離を超えたところにしか存在できない。

木星、土星、天王星、そして海王星は、太陽系進化の初期の段階で、大きく軌道を変えたようである。そのとき、原始彗星等の小さい天体をまき散らしたと考えられている。上記の惑星との重力関係から、いくつかの原始彗星等を太陽系内部へ吹き飛ばした。だから、相当数の原始彗星等が、水星、金星、地球、火星、そして月に衝突した。我々は、後期重爆撃期の記録を見ることができる。月面には、後期重爆撃期41億年から38億年前の間に、特に、その数を増して形成された隕石衝突跡クレーターがある。他の小さい天体は、太陽系の主惑星が存在する平面上に残ったが、上記の惑星との重力関係から、海王星を越えた領域へ放り出された。そのような天体は、現在も30 auから50 auの間で安定した軌道をもって太陽を公転している。この30 auから50 auの間にカイパーベルトがある。

それ以外の原始彗星は、太陽から遥かに遠い距離の領域へ移動した。十分な速度をもっていた原始彗星は、太陽の引力外へ行き、現在は、恒星間彗星として星間空間を漂っている。太陽の引力外へ行くには、少し速度が足りなかった原始彗星は、太陽系の深遠部で、無秩序な傾斜軌道で太陽を公転するようになった。それらの彗星が、オールト雲として知られている、太陽からの距離が2,000 auから100,000 auの間の氷の天体でできた殻をつくった。たいへんな距離があるので、オールト雲を観測してはいないが、彗星軌道の統計値は、数兆個の氷の天体の数を示している。ちょっとしたエネルギーでも、原始彗星は軌道を変えるので、大傾斜軌道で、数十 auから数百 auまで広がった長楕円軌道を公転している。このような天体をホットカイパーベルト天体といい、その中のいくつかをすでに発見している。その中に小惑星エリスが入っている。

集合的に、8番目の惑星海王星軌道を越えたところを公転している氷状天体を「海王星を越えた天体」と呼んでいる。太陽系の近隣を恒星が通過する、あるいは銀河の中心から来る潮汐力による重力的摂動が、ときどき長い低温の領域の公転から、海王星を越えた天体を無理に軌道を変えさせたようである。そのとき、それらの天体は、太陽周辺へ動く。そこで、太陽へ十分近づくと、太陽の照射がその氷を昇華させ、その天体が地球から観測可能になり、彗星として発見される。

分類

彗星は、軌道上の特性と構成物によってクラス分けされている。これらのグループは、異なった形成領域へ足跡を辿れるので、惑星を形成したといわれている原始太陽系星雲の中の状況を知る手がかりを与えるだろう。

これらのクラスで一番よく知られているのが、木星系彗星であり、ハートレイ彗星がこのクラスに属している。このクラスの彗星は、典型的に低い傾斜軌道をもち、20年以下の周期で太陽を公転している。木星系彗星は、ホットカイパーベルト天体が、太陽系内部へ、遠い過去ではない時期に、侵入して来たものである。木星の重力が、遠くから来た彗星を捕獲し、木星の近くを公転する小さい軌道に変えたからである。木星系彗星は、他のクラスの彗星より、太陽照射からより多くの表面進化を示している。というのは、太陽に近いところにいる期間が長いからである。

木星と海王星の間に軌道をもつ氷状天体セントーラス彗星は、木星系彗星に関係している。このクラスの彗星も、ホットカイパーベルト天体であるが、その軌道は、太陽系内部まで到達することはなかった。だから、セントーラス彗星は、ホットカイパーベルト天体と木星系彗星の中間的存在である。セントーラス彗星も氷状ではあるが、その氷が昇華するまで、太陽に十分近づいたことはなかった。それで、これらの天体は、一般的に不活発であるようだ。

それ以外の彗星のクラスは、依然としてオールト雲の中にいる。何か他の天体が、それらの軌道を摂動し、太陽系内部へその軌道を変えて、侵入して行くことがない限りオールト雲の中にいる。アイソン彗星のような長周期彗星は、無秩序な傾斜軌道をもっていて、数千から数万年に上る周期である。初めて８つの惑星のある領域へ達した長周期彗星は、太陽との引力関係が弱いので、巨大惑星との重力相互作用で太陽系から放り出されるケースが多々ある。しかし、ときどき巨大惑星との重力相互作用によって、数千年という短い周期に変えられることもある。ヘイル・ボップ彗星がそのケースに当てはまる。この種の彗星は、太陽から遥かに遠いカイパーベルトを越えたところまで行くが、オールト雲へ戻ることはない。巨大惑星との重力相互作用が的確に働くと、長周期彗星の周期が、数十年から数千年という短い周期に劇的に変わることがある。このような彗星のタイプをハレー系彗星という。ハレー彗星からとった名前である。よく知られたように、ハレー彗星が、初めて軌道計算から周期性があると認められた彗星で、英国人天文学者エドモンド・ハレーによって、次回の出現時期が予測され、計算通り出現した。ただ、そのときハレーは他界していた。

彗星であるときと彗星でないとき

彗星と小惑星を区別するために、我々は一般的に、彗星は活動的で拡散し、尾をもっているものと定義し、小惑星は点のように見えて静的であるものと定義する。しかし、近代的な観測から、彗星と小惑星の区別のつきにくい天体が多く発見されてきた。1つの例が、小惑星帯系彗星と呼ばれるクラスである。このクラスの彗星は、天文学的には小惑星軌道をもつが、彗星の特性を表示するものである。このクラスに属する彗星は、その表面が彗星のような現象を見せる。それは、地下にある氷の狭い地域が露出することによって起こり、いくつかの場合、典型的な彗星のように見える活動を引き起こすことがある。このとき、表面から彗星のコマによく似た短期間の塵の雲を生じるようである。いずれにせよ、小惑星帯系彗星は、小惑星ができた後に残ったものから形成されたようで、カイパーベルトやオールト雲内の彗星ではない。

一方、彗星のような大傾斜軌道をもった明らかな小惑星も見つけている。多くの場合、すでに表面の揮発性物質を完全に昇華し尽くし、活動できなくなった彗星、あるいは塵が太陽光線を塵の下にある氷に達するのを妨いでいる眠ったままの彗星のようである。これらの小さいサイズと暗い表面が、遠くから探知するのを困難にしているので、眠ったままの彗星は、地球近隣天体として知られているような、地球に近づいた小惑星集団の中で最もよく発見される。しかし、これらの彗星は、太陽系が形成されたときから存在しているようだ。

過去数十年間の驚くべき別の発見は、太陽へ大接近する軌道をもつ数千の小さい天体の存在である。これらの天体は、極端な偏心軌道をもち、太陽までの距離が太陽半径の数倍となるくらいの距離を通過する。さらに、一般的に、このような天体は、微弱な光しか放たないので、宇宙に置いた太陽観測の望遠鏡でしか見えない。研究者は、このような天体の大部分は、大きなよく知られた彗星の破片であることを示した。しかし、どの彗星にもリンクしない天体もあり、太陽へ大接近する軌道へ重力相互関係で変えられた、実際は小惑星であるという可能性が出ている。太陽への大接近による極端な照射を受けるという環境から、普通は、宇宙では極めて安定している岩石や金属が昇華するようである。だから、完全に氷を含んでいない小惑星が、彗星のような現象を見せるようである。

生と死の進行係

彗星の偏心軌道が、しばしば地球の軌道とクロスすることがある。そして、いずれかの彗星が地球へ衝突する確率は、ごくわずかであるけれど、長い時間的スパンと多くの彗星を考えたとき、地球への衝突は必然的に起こる。しかし、記録に残った歴史上では、このような衝突は起こっていない。2013年のロシア・チェリアビンスク上空に現れた火球は、このような衝突で引き起こされる破壊の残存物と見られている。この火球に対する研究では、その隕石は18m幅という家くらいのサイズであった。典型的な彗星の核が引き起こす衝突は、その衝突の威力によって、さらに大きな被害をもたらす。実際、直径10kmの彗星、あるいは小惑星が、約6,500万年前、恐竜の絶滅を招いたようである。なお、平均的な彗星の核の直径は10kmである。

このような衝突は、太陽系内の生命体にとって避けることのできないものである。しかし、幸運にも、破壊的な威力のある衝突は稀である。小さい塵の粒子が、いつも地球に衝突している。我々が夜空に見る流星がそれで、地球の大気との摩擦で燃え上がるからである。チェリアビンスク隕石サイズの衝突は、ほんとうに確率の低いことで、たぶん、数十年に1回の確率だろう。国家サイズの地域に甚大な被害をもたらすくらい大きな天体による衝突は、さらに確率が低く、数百万年に1回くらいの確率になるだろう。

確かに、彗星は今日、生命体に危機をもたらす可能性があるけれども、一方で、古代の地球上に生命体が発生する手助けをした可能性もある。これが、彗星を研究するもう1つの重要な理由である。彗星は、今日、我々が生命体に必要だと考えている基本的な構成要素の多くを運んでいる。炭素、水素、酸素、そして窒素がそれで、彗星は、大量にこれらの物質を含む塵の粒子や氷を保持している。後期重爆撃期の間に、初期の地球上へ、彗星を含む小さい岩石からなる天体の雨が降り、大量の生命に必要な構成要素をもたらした。と同時に、地球上の海を満たすのに十分な水も供給したと考える科学者もいる。彗星は、乾燥した不毛の惑星を我々が現在見る、蒼い大理石に変える手助けをしたようである。結果的に、継続した彗星研究は、新興の太陽系外惑星研究に深い繋がりをもっている。太陽系外惑星研究は、天文学の聖杯、地球外生命体を探すのが目的の１つである。

我々は彗星を継続研究し、次の２つの問題に答えを得たいと考えている。１つは、如何にして地球上に生命が誕生したか、そして、もう１つは太陽系が如何にして形成され、どのように進化したかという価値ある手がかりを得ることである。以前以上に彗星についての理解を深める中で、その知識そのものも、決して価値を失うことはないだろう。そして、宇宙における太陽系と地球について、彗星研究が多くのことを教えてくれるだろうが、宇宙について研究する中では、彗星研究は、ケーキの上の糖衣でしかない。

過去50年間の彗星

過去50年間に出現した彗星の１つ１つが、ユニークなエピソードをもち、観測者や写真家の興味を惹いた。

彗星は、太陽系のドラマクイーンである。予測できないけれど記憶に残り、それ自体は偏心軌道をとる。過去50年間に６つの彗星、イケヤ・セキ彗星（C/1965S1）、ベネット彗星（C/1969Y1）、ウェスト彗星（C/1975V1）、ヒャクタケ彗星（C/1996B2）、ヘイル・ボップ彗星（C/1995O1）、そしてマクノート彗星（C/2006P1）が、「大彗星」の称号を獲得した。それらは、たいへん光度が高く、広い地域で見ることができた。それ以外の彗星も、大彗星の称号は獲得できなかったけれど、肉眼で見える範囲まで光度を増し、アマチュア天文学者を楽しませてくれた。ここに挙げる20個の彗星は、それぞれがユニークなエピソードをもち、出現に対してもユニークな逸話を創り、太陽系内部へ旅する彗星の、数千の畏怖の念をもった観測者にすばらしい思い出をもたらした。

1. マクノート彗星（C/2006P1）：ロバート・マクノートは、彗星発見者としてよく知られている。このときすでに、31個の彗星を発見していた。しかし、このマクノート彗星は特別であった。2007年1月12日には、太陽から0.171 auまで近づいた。そして、その翌日、光度を−5.5等星まで高めた。これがピークであった。この彗星は、南半球でびっくりするほど輝いた。その尾は35°まで広がり、輝く光の帯を形成した。
2. ベネット彗星（C/1969Y1）：ジョン・ケイスター・ベネットによって、1969年12月28日に発見された。この彗星は1970年代になって認められた。イケヤ・セキ彗星以来の大彗星ベネットは、1970年3月20日、太陽から0.538 auの距離を通過し、その翌日、素晴らしい光度0.0等星に達した。この期間に、観測者と天文学者は、特に、彗星のコマに注目した。さらに、彗星の太陽の方向に延びる短いジェットを観測した。
3. ニート彗星（C/2002V1）：2002年11月6日、NASAのNear-Earth Asteroid Tracking program（NEAT：地球近隣小惑星追跡プログラム）の中で、ニート彗星が発見された。地球近隣小惑星追跡の頭文字をとって、ニートと名付けられた。この彗星は、2003年2月18日に近日点に到達した。これは予想が難しく、2003年1月に急速に光度を増した。しかし、太陽へ0.099 auの距離まで迫ったとき、予想できないくらいゆっくりとした光度の上昇率であった。それで、大彗星への期待をもたない内に、2月には-0.5等星となり、過去50年間で7番目に明るい彗星となった。

4．イケヤ・セキ彗星（C/1965S1）：イケヤ・セキ彗星は、1965年11月18日に、カオル・イケヤとツトム・セキが独立して発見した彗星であるが、このとき、将来大彗星になるという兆候はなかった。しかし、追跡観測から、この彗星は太陽へ大接近することが判明し、1882年大彗星と同様の軌道をとることもわかった。10月20日には、肉眼で昼間でも見え、ピーク時は光度が-10等星まで上がった。翌日の近日点通過時は、0.008 auまで太陽に接近し、太陽の引力によって3つに分解した。また、10月末まで見えたその尾の長さは30°に達していた。

5．ヘイル・ボップ彗星（C/1995O1）：1995年7月23日に、アラン・ヘイルとトーマス・ボップが独立して発見した彗星である。彗星探査において、一番長い間大彗星が出現しなかった時代の1つの彗星の後に現れた。その認識番号からもわかるように、太陽からの距離7.1 auにあるとき発見された彗星である。この距離は、普通の彗星の発見される距離の2倍である。1996年5月20日には肉眼で見え、その後18カ月間見えた。次の3月のピーク時には、-0.8等星になった。

6．ニート彗星（C/2001Q4）：2001年8月24日に、地球近隣小惑星追跡プログラムの中で、このニート彗星が発見された。この彗星は、普通でない軌道、太陽系の8個の惑星の軌道平面と垂直な、そして逆回りの軌道をとっていたので、科学者がきちっと把握するのが当初は困難であった。発見後2週間経って、この彗星の近日点到達時予想が、1年以上変わった。天文学者がきちっと把握した後は、予想通り2004年5月15日に近日点を通過し、ピーク時は2.8等星で北半球の夜空を彩った。

7．ハレー彗星（Comet 1P/Halley 1986 Apparition）：歴史上、最初に確認された周期彗星で、1982年の夜空へ戻って来た。それは、記録の上では、最も観測しやすい状況であった。しかし、不幸にも、宇宙における位置関係は、地球上での観測には適していなかった。1986年2月9日に近日点を通過したが、そのとき、この彗星は地球から見て、太陽の向こう側であった。3月上旬にピーク時に達し、光度は2.8等星で、南半球ではよく見えた。

8．リニアー彗星（C/2000WM1）：Lincoln Near-Earth Asteroid Resaerch project（LINEAR：リンカーン地球近隣小惑星追跡プログラム）のメンバーが、2000年12月16日に撮った画像の中で発見した。この方法で、このプログラムメンバーが8個の彗星を発見し、これはその8番目の彗星である。リンカーン地球近隣小惑星追跡プログラムの頭文字をとってリニアーと名付けられた。この彗星は周期性をもたない。2001年に徐々に光度を上げ、11月には予想を上回る速さで光度を増した。2002年1月22日に太陽からの距離0.55 auを通過し、ピーク時の光度は2.5等星であった。

9. イケヤ・ザング彗星（C/2002C1）：イケヤ・ザング彗星は、実際、2つの認識番号をもっている。最初の発表はC/2002C1であって、2002年2月に発見された最初の周期性をもたない彗星であった。けれども、すぐその後の軌道研究から、この彗星はポーランド人天文学者ヨハネス・ヘヴェリウスが1661年に観測したものと同じ彗星であることがわかった。ということで、一番長い周期をもつ周期彗星となった。2002年3月18日頃、ピーク時に達し、光度は2.9等星であった。ただこのときが、この彗星の記録に残る2回目の出現であった。

10. マクホルツ彗星（C/2004Q2）：目で見て彗星を発見してきたドン・マクホルツが、前回の発見からこの彗星の発見まで約10年費やした。2004年8月27日、光度の低いはっきりしない球状の光を発見した。これがここに挙げたマクホルツ彗星である。軌道計算は、2005年1月24日に通過する比較的遠い近日点1.205 auを表示したが、予想を上回る光度となり、2004年の終わりにピークに達し、光度は3.5等星であった。

11. バーフィールド彗星（C/2004F4）：ウィリアムA・バーフィールドが、2004年3月23日に発見した彗星である。これは、彼の発見した彗星の18番目で、一番光度の高いものである。この彗星は、ニート彗星（C/2001Q4）とリニアー彗星と同じ時期、2004年初旬に肉眼で見えたものである。４月17日、太陽からほんの0.169 auの距離を通過したすぐ後、最高光度3.3等星を記録した。

12. コホーテク彗星（C/1973E1）：この彗星が、ここに現れることを不思議に思う人が多いだろう。1973年12月28日に発見されたとき、科学者は大彗星になると予想した。しかし、金星以上の光度で輝くことは一度もなく、近代最大の失敗作の彗星と考える人がいる。しかし、肉眼で見える範囲までは光度を上げ、1973年12月28日の近日点通過時は、0.0等星で輝いた。従って、過去50年間に出現した彗星の中で、10番目に明るい彗星になった。
13. ラブジョイ彗星（C/2011W3）：2011年11月27日に、アマチュア天文学者テリー・ラブジョイが発見した彗星である。その軌道を計算したとき、近日点に達する12月15日には、太陽からの距離が0.0056 auとなる太陽大接近彗星であることが判明した。それで、専門家には、この小さい彗星が太陽へ近づいたとき、分解するかどうかというより、いつ分解するかが問題になった。それで、この彗星情報を得るためにインターネット接続の嵐を招いた。しかし、その予想は外れ、この彗星は、太陽のコロナへ落ち込むことなく夜空へ戻り、ピーク時には－2.9等星で輝いた。
14. ヒャクタケ彗星（C/1996B2）：日本人アマチュア天文学者ユウジ・ヒャクタケが、1996年１月30日にこの彗星を双眼鏡で発見し、自分自身も驚いた。実は、夜空の同じ地域で、５週間前に別の彗星を発見していた。ヒャクタケ彗星は、素早く光度を増し、２月26日には肉眼で見え、３月末のピーク時は、0.0等星で輝いた。この彗星は見事な尾をもち、推定90°まで達した。

15. 17P/ホルムズ彗星（2007 Apparition）：1892年に発見されたこの彗星は、2007年の出現時、観測者を驚かせた。5月4日の近日点通過後、光度を急激に増した。そして、10月23日と24日のわずか42時間の間に、17等星から2.8等星になった。10月末にピークに達し、そのときの光度が2.4等星であった。また、そのとき、この彗星のコマが見かけ上、1°まで広がった。

16. パンスターズ彗星（C/2011L4）：この彗星は、ハワイにあるPanoramic Survey Telescope and Rapid Response System（Pan-STARRS：パノラマ式探査望遠鏡と快速反応システム）1望遠鏡が、発見した彗星の1つである。それで、パンスターズ彗星と名付けられた。この彗星は、2013年に輝いた彗星である。2013年3月10日の近日点通過のすぐ後、ピークの光度–1等星になった。この彗星は、素晴らしい双眼鏡、あるいは望遠鏡で見る彗星であった。アイソン彗星が、ここに挙げた彗星を凌駕する輝きを見せると予想されていたので、2013年の2番目に明るく輝いた彗星となると予想された。

17. イラス・アラキ・アルコック彗星（C/1983H1）：この彗星は、サイズと活動性がなかったことから、大彗星のラベルは貼られなかったけれど、忘れられない彗星である。この彗星は、地球からの距離0.029 au、460万kmの距離を通過した。これは、20世紀における2番目に近い接近遭遇であった。だから、夜空を1日に約30°動いた。また、ピーク時の光度は1.7等星であった。

18. リニアー彗星（C/2002T7）：この彗星は、リンカーン地球近隣小惑星追跡プログラムのメンバーが、2002年10月14日に小惑星の発見として報告した。従って、国際天文学連合（IAU）は、10月29日まで彗星の認識番号を与えなかった。この彗星は、2004年5月末にピークの光度2.7等星になる前の2003年中は、ゆっくり光度を増していた。しかし、この彗星の光度は一定せず、5月中の光度の変化が観測者を驚かせた。

19. ウェスト彗星（C/1975V1）：この彗星は、1975年8月10日、チリのラ・シラにあるEupopian Southern Observatory（ヨーロッパ南方天文台）の100 cmシュミットカメラの写真版に現れた。幾人かの天文学者は、1976年2月25日に近日点を通過したとき、大彗星としては期待しなかった。さらに、太陽の背後から現れたとき、それほどの印象を与えないだろうと言っていた。しかし、この彗星は、我々を驚かせた。太陽から0.197 auの距離を通過したすぐ後、昼間でも見え、3月上旬のピーク時には、–3等星になった。

20. アーセス・ブレウィングトン彗星（C/1989W1）：1980年代は、素晴らしい彗星の出現で幕を閉じた。この彗星は、1989年11月16日、ナット・アーセスとハワード・ブレウィングトンが独立して発見した。彼らはこの彗星を「小型のウェスト彗星」と称した。12月末のピーク時には、2.8等星で輝いた。

あとがき

本書は2022年末現在の情報である。天文学は日進月歩というより「秒進分歩」であると考えられる。天文学はどんどん進展し、新しい情報が聞けるようになった。だから、本書も10年後は役に立たなくなるかもしれない。

しかし、探査機を打ち上げると到着まで時間がかかり、探究成果を勉強するまでには、さらに時間が必要である。本書の第11章「土星」、第12章「カッシーニ探査機」でカッシーニ探査機について述べている。1997年に打ち上げられたことは*Astronomy*の記事で知った。土星系に到着し、探査を行い、その結果がわかるのは2010年代と計算できた。これだと60代なので、健康に留意していれば結果を知ることができると思った。そして、それを楽しみに待っていた。多くの成果を知って幸せな気分になった。そのカッシーニ探査機が、2017年9月15日に土星に突っ込んで行った。関係科学者の中には涙で見送った方もいただろう。私も、そのニュースを聞いて胸が熱くなった。宇宙空間は、凪の海ではなく嵐の海である。その中で20年近く活躍したのだから、満身創痍だと推測できる。また、予算の関係もあっただろう。それで、土星に突っ込むことで、新発見を期待した科学者の気持ちはよくわかる。

次に、土星系の探査に向かうのは、土星の衛星タイタンのメタンの海を探査するタイタンドラゴンフライミッションである。地球上で言うと、沼地のような地勢が考えられるので、ドラゴンフライ（トンボ）のように行動しないといけないようだ。火星探査のローヴァーのように移動することはできない。そのドラゴンフライミッションは、現在2034年タイタン着陸を目標にしている。これより遅くなっても早くなることはない。すると私は80代半ばで、生存しているかどうかわからない。生きていたとしても相当老化しているから、それを理解できない可能性もある。探査結果が出るのは、その約10年後だろう。従って、とてもそれを知ることはできない。

木星の衛星エウロパを探査するエウロパクリッパーミッションは、2020年代打ち上げ予定のようだが、これも予定通り行くかどうかもわからない。ただ、これはエウロパの海で生命体を探すのではなく、その前の段階で、エウロパを探査することが目的である。その結果も2030年代にならないとわからないだろう。これも80代である。

このようなミッションを考えると、『スタートレック』の世界のように、300歳くらいまで生きられれば、と考えたくなる。現在、ボイジャー探査機は、太陽系の果てまで行っていて、ボツボツ燃料切れになっているようだ。この探査機に従事した技術者は、皆退職して亡くなっている人もいる。だから、ミッションを受け継いだ人たちが、困っているという話を聞いたことがある。

現在、アルテミス計画が進行中である。2022年8月29日にアルテミス1が打ち上げられた。これは無人で種々のことを調査することが目的であった。マネキンのようなものを搭載して、人間が宇宙空間で経験することを調査する。そのマネキンには女性版もいる。2024年のアルテミス２には４人の宇宙飛行士を搭乗させて、月まで行って来るようだ。そこには女性が２人含まれる。しかし、ここでは着陸はなく、飛行してくるだけで、多くのことを調べることを目的としている。そして、2025年のアルテミス３で、女性を含む４人の宇宙飛行士が月に着陸する予定である。最終的には、2027年に女性を含む６人の宇宙飛行士を月に送って、月基地建設を始めるようだ。場所は、南極にあるシャックルトンクレーター付近を考えている。ここには水などの資源があるようで、それを使う計画でいる。そして、最終目標は2030年代の有人火星探査である。 なお、アルテミス計画について、下記の動画が概要を10分くらいで説明している。

https://www.youtube.com/watch?v=TMnixOJXN3Q

SF映画で見るようには行かない。最初は、空気から水、そして食料を地球から持っていく必要がある。月には磁場がないので、有害な太陽からの太陽風がくる。これは太陽から飛んで来る粒子である。だから、宇宙服を脱いで寛ぐことはできない。多くの艱難辛苦が待っているだろう。

しかし、アポロ計画で、アメリカは一歩一歩着実に歩を進めて、月に向かって進んでいった。当時、ソ連との競争があったので、１日も早く目的を達成したかっただろう。しかし、焦らずに着実に計画を進めていったアメリカは凄いと、高校生のとき感じていた。アルテミス計画から有人火星探査まで、道のりは遠いけれど、同じく一歩一歩着実に歩を進め、いつの日か火星に第一歩を踏み出す日が来るだろう。しかし、それを生きて見ることができないのが残念だ。

宇宙暦56年（2024年）正月

参考文献

第1章　太陽系星雲の誕生

原始太陽系星雲形成

1. Arwen Rimmer, The very hungry universe, June 2022 *Astronomy*, Kalmbach Media Co.
2. Richard Talcott, How the solar system came to be, November 2012 *Astronomy*, Kalmbach Media Co.
3. Yvette Cendes, The Sun's lost siblings, July 2020 *Astronomy*, Kalmbach Media Co.

その後の状況

1. Yvette Cendes, The Sun's lost siblings, July 2020 *Astronomy*, Kalmbach Media Co.

太陽の形成

1. Liz Kruesi, How stars form, December 2010 *Astronomy*, Kalmbach Media Co.

第2章　太陽系形成

原始惑星誕生

1. Arwen Rimmer, The very hungry universe, June 2022 *Astronomy*, Kalmbach Media Co.
2. Robert Naeye, Making sense of the exoplanetary zoo, June 2017 *Astronomy*, Kalmbach Media Co.

惑星移動

1. Robert Naeye, Making sense of the exoplanetary zoo, June 2017 *Astronomy*, Kalmbach Media Co.

カオスの時代
1. Robert Naeye, Making sense of the exoplanetary zoo, June 2017 *Astronomy*, Kalmbach Media Co.
2. Michael Carroll, The hunt for Earth's bigger cousins, April 2017 *Astronomy*, Kalmbach Media Co.
3. 奥山京『天文学シリーズ１　地球の影 — ケプラーの墓碑銘より —』2022年、東京図書出版

巨大ガス惑星の移動
1. Jesse Emspak, New insights into how the solar system formed, May 2018 *Astronomy*, Kalmbach Media Co.

水星の形成
1. Nola Taylor Redd, The solar system's violent past, February 2017 *Astronomy*, Kalmbach Media Co.
2. 奥山京『天文学シリーズ１　地球の影 — ケプラーの墓碑銘より —』2022年、東京図書出版

氷状ガス惑星の移動
1. Elizabeth Tasker, *The planet factory*, p. 91–p. 93 2017 Bloombury Sigma

今後の観測に期待
1. Marc J. Kuchner and Christopher C. Stark, How to find planets hidden by dust, August 2010 *Astronomy*, Kalmbach Media Co.
2. Karel Schrijver, *One of ten billion Earths*, p. 134–p. 135 2018 Oxford University Press
3. 奥山京『天文学シリーズ１　地球の影 — ケプラーの墓碑銘より —』2022年、東京図書出版

第3章　太陽

プロフィール

1. David J. Eicher, *The New Cosmos*, p. 17–p. 18 2015 Cambridge University Press
2. James Trefil, Putting stars in their place, November 2000 *Astronomy*, Kalmbach Media Co.

コロナ質量大放出

1. Bob Berman, How solar storms could shut down Earth, September 2013 *Astronomy*, Kalmbach Media Co.

太陽嵐の恐怖

1. Bob Berman, How solar storms could shut down Earth, September 2013 *Astronomy*, Kalmbach Media Co.

最悪のシナリオ

1. Bob Berman, How solar storms could shut down Earth, September 2013 *Astronomy*, Kalmbach Media Co.

弱まる太陽

1. Bruce Dorminey, Why has the Sun gone quiet?, December 2017 *Astronomy*, Kalmbach Media Co.
2. Bruce Dorminey, Is the Sun an oddball star?, June 2010 *Astronomy*, Kalmbach Media Co.

小氷河期

1. Bruce Dorminey, Is the Sun an oddball star?, June 2010 *Astronomy*, Kalmbach Media Co.

太陽観測

1. Hot Bytes, Heliophysicist passes, August 2022 *Astronomy*, Kalmbach Media Co.
2. 太陽観測　ウィキペディア

3. Bob Berman, How solar storms could shut down Earth, September 2013 *Astronomy*, Kalmbach Media Co.

第4章　水星

1. William Sheehan, The strange history of Mercury's spots, April 2022 *Astronomy*, Kalmbach Media Co.

ジョバンニ・スキャパレリ

1. William Sheehan, The strange history of Mercury's spots, April 2022 *Astronomy*, Kalmbach Media Co.

イルージョン

1. James Oberg, Torrid Mercury's icy poles, December 2013 *Astronomy*, Kalmbach Media Co.

太陽前面通過

1. Dean Regas, Observe the transit of Mercury, November 2019 *Astronomy*, Kalmbach Media Co.

ジョゼッペ・ベピ・コロンボ

1. Ben Evans, Voyage to a world of extremes, November 2018 *Astronomy*, Kalmbach Media Co.

奇妙な古い世界

1. Ben Evans, Voyage to a world of extremes, November 2018 *Astronomy*, Kalmbach Media Co.
2. Jake Parks, Cosmic tour of the planets, December 2021 *Astronomy*, Kalmbach Media Co.

謎

1. Ben Evans, Voyage to a world of extremes, November 2018 *Astronomy*, Kalmbach Media Co.

ベピコロンボ探査機の仕事

1. Ben Evans, Voyage to a world of extremes, November 2018 *Astronomy*, Kalmbach Media Co.

水星までの飛行

1. Ben Evans, Voyage to a world of extremes, November 2018 *Astronomy*, Kalmbach Media Co.

水星の統計値

1. Jake Parks, Cosmic tour of the planets, December 2021 *Astronomy*, Kalmbach Media Co.

第5章　金星

観測史

1. Cris North and Paul Abel, *How to read the solar system*, p. 95–p. 101 2014 Pegasus Books New York London
2. ジェレマイヤ・ホロックス　ウィキペディア

アシェン光

1. Cris North and Paul Abel, *How to read the solar system*, p. 104–p. 105 2014 Pegasus Books New York London

太陽前面通過

1. Cris North and Paul Abel, *How to read the solar system*, p. 105–p. 107 2014 Pegasus Books New York London
2. Richard Talcott, How to view June's rare Venus transit, June 2012 *Astronomy*, Kalmbach Media Co.
3. 奥山京『天文学シリーズ1　地球の影 — ケプラーの墓碑銘より —』2022年、東京図書出版

米ソの探査機による調査競争

1. David J. Eicher, *The New Cosmos*, p. 75–p. 77 2015 Cambridge

University Press

不思議な新しい地表

1. David J. Eicher, *The New Cosmos*, p. 77–p. 78 2015 Cambridge University Press
2. Cris North and Paul Abel, *How to read the solar system*, p. 115–p. 117 2014 Pegasus Books New York London

紫外線による観測

1. William Sheehan, Unveiling the clouds of Venus, December 2021 *Astronomy*, Kalmbach Mrdia Co.

紫外線吸収の謎

1. William Sheehan, Unveiling the clouds of Venus, December 2021 *Astronomy*, Kalmbach Mrdia Co.

フォスフィン：雲の中に生命体がいるのか？

1. William Sheehan, Unveiling the clouds of Venus, December 2021 *Astronomy*, Kalmbach Mrdia Co.

今後の探査

1. William Sheehan, Unveiling the clouds of Venus, December 2021 *Astronomy*, Kalmbach Mrdia Co.

金星の統計値

1. Jake Parks, Cosmic tour of the planets, December 2021 *Astronomy*, Kalmbach Media Co.

第6章　地球

1. Jake Parks, Cosmic tour of the planets, December 2021 *Astronomy*, Kalmbach Media Co.

初期の地球

1. David J. Eicher, *The New Cosmos*, p. 32–p. 33 2015 Cambridge

University Press

未成熟太陽時代

1. Bruce Dorminey, How life survived a cool early Sun, May 2013 *Astronomy*, Kalmbach Media Co.

生命体の出現と発展

1. David J. Eicher, *The New Cosmos*, p. 37–p. 38 2015 Cambridge University Press
2. Paul Murdin, *The Secret Lives of Planets*, p. 84–p. 85 2019 Hodder & Stoughton Ltd

氷河期

1. Paul Murdin, *The Secret Lives of Planets*, p. 80–p. 82 2019 Hodder & Stoughton Ltd
2. Patricia Daniels, *THE NEW SOLAR SYSTEM* p. 99 2009 National Geographic Society

プレートテクトニクス

1. Patricia Daniels, *THE NEW SOLAR SYSTEM* p. 97 2009 National Geographic Society

磁場

1. Patricia Daniels, *THE NEW SOLAR SYSTEM* p. 99 2009 National Geographic Society

地球観測

1. Alison Klesman, Earth is a planet too!, June 2021 *Astronomy*, Kalmbach Media Co.

一番奇妙な惑星：地球

1. Alison Klesman, Earth is a planet too!, June 2021 *Astronomy*, Kalmbach Media Co.

水の起源

1. Nola Taylor Redd, Where did Earth's water come from?, May 2019 *Astronomy*, Kalmbach Media Co.

地球の統計値

1. Jake Parks, Cosmic tour of the planets, December 2021 *Astronomy*, Kalmbach Media Co.

第7章　月

1. Robin Canup, The Moon's violent origin, November 2019 *Astronomy*, Kalmbach Media Co.

起源

1. Robin Canup, The Moon's violent origin, November 2019 *Astronomy*, Kalmbach Media Co.

巨大衝突説

1. Robin Canup, The Moon's violent origin, November 2019 *Astronomy*, Kalmbach Media Co.

地球と月の化学的関係

1. Robin Canup, The Moon's violent origin, November 2019 *Astronomy*, Kalmbach Media Co.

理論の多様性

1. Robin Canup, The Moon's violent origin, November 2019 *Astronomy*, Kalmbach Media Co.

今後の研究は？

1. Robin Canup, The Moon's violent origin, November 2019 *Astronomy*, Kalmbach Media Co.

月面の特徴

1. Peter H. Schultz, New clues to the Moon's distant past, December 2011

Astronomy, Kalmbach Media Co.

継続的な隕石衝突

1. Peter H. Schultz, New clues to the Moon's distant past, December 2011 *Astronomy*, Kalmbach Media Co.

縮んでいる月面

1. Peter H. Schultz, New clues to the Moon's distant past, December 2011 *Astronomy*, Kalmbach Media Co.

水

1. Robert Zimmerman, How much water is the Moon? January 2014 *Astronomy*, Kalmbach Media Co.

月は初期の地球を知る鍵

1. Peter H. Schultz, New clues to the Moon's distant past, December 2011 *Astronomy*, Kalmbach Media Co.

月の統計値

1. Paul Murdin, *The Secret Lives of Planets*, p. 97 2019 Hodder & Stoughton Ltd

第8章　火星

1. Karri Ferron, The Red Planet's colorful past, August 2012 *Astronomy*, Kalmbach Media Co.

観測史

1. Karri Ferron, The Red Planet's colorful past, August 2012 *Astronomy*, Kalmbach Media Co.

生命体の可能性

1. Jim Bell, Is there life on Mars?, September 2019 *Astronomy*, Kalmbach Media Co.

ヴァイキング探査機

1. Jim Bell, Is there life on Mars?, September 2019 *Astronomy*, Kalmbach Media Co.

ローヴァーの活躍

1. Jim Bell, Is there life on Mars?, September 2019 *Astronomy*, Kalmbach Media Co.

生命体探査将来計画

1. Jim Bell, Is there life on Mars?, September 2019 *Astronomy*, Kalmbach Media Co.

インサイト・ミッション

1. Jim Bell, Digging deep into Mars, October 2019 *Astronomy*, Kalmbach Media Co.

火星の統計値

1. Jake Parks, Cosmic tour of the planets, December 2021 *Astronomy*, Kalmbach Media Co.

第9章　小惑星

小惑星の形成

1. Sarah Scoles, Exploring the biggest asteroids, March 2014 *Astronomy*, Kalmbach Media Co.

ドーン探査機

1. Sarah Scoles, Exploring the biggest asteroids, March 2014 *Astronomy*, Kalmbach Media Co.

ヴェスタ

1. Sarah Scoles, Exploring the biggest asteroids, March 2014 *Astronomy*, Kalmbach Media Co.

ヴェスタの統計値
1. ヴェスタ　ウィキペディア

セリーズ
1. Michael Carroll, Explore Ceres' icy secrets, October 2019 *Astronomy*, Kalmbach Media Co.
2. Eric Betz, Dawn mission reveals dwarf planet Ceres, January 2016 *Astronomy*, Kalmbach Media Co.

セリーズの統計値
1. Paul Murdin, *The Secret Lives of Planets*, p. 145 2019 Hodder & Stoughton Ltd

第10章　木星

観測史
1. Cris North and Paul Abel, *How to read the solar system*, p. 178–p. 179 2014 Pegasus Books New York London

探査史
1. Patricia Daniels, *THE NEW SOLAR SYSTEM*, p. 141 2009 National Geographic Society

大赤斑
1. Francis Reddy, Unveiling a giant, October 2017 *Astronomy*, Kalmbach Media Co.
2. Ben Evans, How Juno unmasked Jupiter, August 2022 *Astronomy*, Kalmbach Media Co.

大気
1. Francis Reddy, Unveiling a giant, October 2017 *Astronomy*, Kalmbach Media Co.

磁場

1. Francis Reddy, Unveiling a giant, October 2017 *Astronomy*, Kalmbach Media Co.
2. Ben Evans, Juno sets its sights on Jupiter, August 2016 *Astronomy*, Kalmbach Media Co.

アイオ

1. Cris North and Paul Abel, *How to read the solar system*, p. 191–p. 192 2014 Pegasus Books New York London

エウロパ

1. Cris North and Paul Abel, *How to read the solar system*, p. 192–p. 194 2014 Pegasus Books New York London
2. Mara Johnson-Groh, How we might find life on Europa, September 2019 *Astronomy*, Kalmbach Media Co.
3. Paul Murdin, *The Secret Lives of Planets*, p. 180 2019 Hodder & Stoughton Ltd
4. JUICE（探査機）ウィキペディア

ガニメデ

1. Patricia Daniels, *THE NEW SOLAR SYSTEM*, p. 143 2009 National Geographic Society
2. Francis Reddy, Unveiling a giant, October 2017 *Astronomy*, Kalmbach Media Co.

カリスト

1. Patricia Daniels, *THE NEW SOLAR SYSTEM*, p. 143 2009 National Geographic Society
2. Francis Reddy, Unveiling a giant, October 2017 *Astronomy*, Kalmbach Media Co.

木星の環

1. Patricia Daniels, *THE NEW SOLAR SYSTEM*, p. 143 2009 National

Geographic Society

外部の衛星

1. Patricia Daniels, *THE NEW SOLAR SYSTEM*, p. 143 2009 National Geographic Society

ジュノー探査機の役割

1. Francis Reddy, Unveiling a giant, October 2017 *Astronomy*, Kalmbach Media Co.

木星の統計値

1. Jake Parks, Cosmic tour of the planets, December 2021 *Astronomy*, Kalmbach Media Co.

第11章　土星

観測史

1. Cris North and Paul Abel, *How to read the solar system*, p. 202 2014 Pegasus Books New York London

望遠鏡による観測

1. Cris North and Paul Abel, *How to read the solar system*, p. 203–p. 206 2014 Pegasus Books New York London

環構造

1. Liz Kruesi, Cassini unveils Saturn, March 2018 *Astronomy*, Kalmbach Media Co.

大気

1. Liz Kruesi, Cassini unveils Saturn, March 2018 *Astronomy*, Kalmbach Media Co.

磁場

1. Liz Kruesi, Cassini unveils Saturn, March 2018 *Astronomy*, Kalmbach

Media Co.

土星の統計値

1. Jake Parks, Cosmic tour of the planets, December 2021 *Astronomy*, Kalmbach Media Co.

第12章　カッシーニ探査機

探査概要

1. Liz Kruesi, Cassini unveils Saturn, March 2018 *Astronomy*, Kalmbach Media Co.

最後の仕事

1. K.N. Smith, The final days of Cassini, January 2017 *Astronomy*, Kalmbach Media Co.

最後の勇姿

1. Liz Kruesi, Cassini unveils Saturn, March 2018 *Astronomy*, Kalmbach Media Co.

消滅

1. K.N. Smith, The final days of Cassini, January 2017 *Astronomy*, Kalmbach Media Co.

第13章　土星の衛星：タイタン

プロフィール

1. Cris North and Paul Abel, *How to read the solar system*, p. 202–p. 206 2014 Pegasus Books New York London

絵のように美しい風景

1. Korey Haynes, 72 minutes on Titan, March 2018 *Astronomy*, Kalmbach Media Co.

大気

1. Korey Haynes, 72 minutes on Titan, March 2018 *Astronomy*, Kalmbach Media Co.

別種の生命体

1. Michael Carroll, Searching for life on Saturn's big moon, September 2019 *Astronomy*, Kalmbach Media Co.

地下の生命体

1. Michael Carroll, Searching for life on Saturn's big moon, September 2019 *Astronomy*, Kalmbach Media Co.

タイタンドラゴンフライミッション

1. Morgan L. Cable, What does Titan smell like?, September 2020 *Astronomy*, Kalmbach Media Co.

タイタンの統計値

1. Paul Murdin, *The Secret Lives of Planets*, p. 199 2019 Hodder & Stoughton Ltd

第14章　土星の衛星：エンセラダス

タイガーストライプの発見

1. Paul Murdin, *The Secret Lives of Planets*, p. 199 2019 Hodder & Stoughton Ltd

地表と内部

1. Patricia Daniels, *THE NEW SOLAR SYSTEM*, p. 151 2009 National Geographic Society
2. Paul Murdin, *The Secret Lives of Planets*, p. 214–p. 216 2019 Hodder & Stoughton Ltd

生命体の可能性

1. Morgan L. Cable and Linda J. Spilker, The enigma of Enceladus,

September 2019 *Astronomy*, Kalmbach Media Co.

将来ミッション構想

1. Morgan L. Cable and Linda J. Spilker, The enigma of Enceladus, September 2019 *Astronomy*, Kalmbach Media Co.

エンセラダスの統計値

1. Paul Murdin, *The Secret Lives of Planets*, p. 199 2019 Hodder & Stoughton Ltd

第15章　天王星

発見物語

1. Cris North and Paul Abel, *How to read the solar system*, p. 234–p. 236 2014 Pegasus Books New York London

磁場

1. Korey Haynes, The unsolved mysteries of the ice giants, October 2017 *Astronomy*, Kalmbach Media Co.

環

1. Korey Haynes, The unsolved mysteries of the ice giants, October 2017 *Astronomy*, Kalmbach Media Co.

衛星

1. Korey Haynes, The unsolved mysteries of the ice giants, October 2017 *Astronomy*, Kalmbach Media Co.

謎

1. Jake Parks, Cosmic tour of the planets, December 2021 *Astronomy*, Kalmbach Media Co.

天王星の統計値

1. Jake Parks, Cosmic tour of the planets, December 2021 *Astronomy*,

Kalmbach Media Co.

第16章　海王星

発見物語

1. Cris North and Paul Abel, *How to read the solar system*, p.237–p.238 2014 Pegasus Books New York London
2. William Sheehan, Finding Neptune, February 2022 *Astronomy*, Kalmbach Media Co.

プロフィール

1. Patricia Daniels, *THE NEW SOLAR SYSTEM*, p. 156 2009 National Geographic Society

嵐の天候

1. Patricia Daniels, *THE NEW SOLAR SYSTEM*, p. 156–p. 157 2009 National Geographic Society

内部

1. Patricia Daniels, *THE NEW SOLAR SYSTEM*, p. 157 2009 National Geographic Society

環

1. Patricia Daniels, *THE NEW SOLAR SYSTEM*, p. 157 2009 National Geographic Society

トライトン

1. Patricia Daniels, *THE NEW SOLAR SYSTEM*, p.159 2009 National Geographic Society

トライトンの生命体の可能性

1. Nola Taylor Redd, What lies beneath Triton's ice?, September 2019 *Astronomy*, Kalmbach Media Co.

海王星の統計値

1. Jake Parks, Cosmic tour of the planets, December 2021 *Astronomy*, Kalmbach Media Co.

第17章　冥王星系

1. S. Alan Stern, Hot results from a cool planet, May 2016 *Astronomy*, Kalmbach Media Co.

氷状の不思議の国：冥王星

1. S. Alan Stern, Hot results from a cool planet, May 2016 *Astronomy*, Kalmbach Media Co.

シャーオン：多面性をもった衛星

1. S. Alan Stern, Hot results from a cool planet, May 2016 *Astronomy*, Kalmbach Media Co.

奇妙な小さい衛星

1. S. Alan Stern, Hot results from a cool planet, May 2016 *Astronomy*, Kalmbach Media Co.

冥王星の統計値

1. Jake Parks, Cosmic tour of the planets, December 2021 *Astronomy*, Kalmbach Media Co.

第18章　アロコス

太陽系の新展望

1. S. Alan Stern, Ultima Thule revealed, August 2019 *Astronomy*, Kalmbach Media Co.

カイパーベルト

1. Cris North and Paul Abel, *How to read the solar system*, p.269–p.272 2014 Pegasus Books New York London

ニューホライズン探査機

1. S. Alan Stern, Ultima Thule revealed, August 2019 *Astronomy*, Kalmbach Media Co.

アロコス

1. S. Alan Stern, Ultima Thule revealed, August 2019 *Astronomy*, Kalmbach Media Co.

発見したこと

1. S. Alan Stern, Ultima Thule revealed, August 2019 *Astronomy*, Kalmbach Media Co.

発見していないもの

1. S. Alan Stern, Ultima Thule revealed, August 2019 *Astronomy*, Kalmbach Media Co.

学べること

1. S. Alan Stern, Ultima Thule revealed, August 2019 *Astronomy*, Kalmbach Media Co.

アロコスの統計値

1. アロコス　ウィキペディア

第19章　彗星

歴史

1. Matthew Knight, The science of comets, November 2013 *Astronomy*, Kalmbach Media Co.

扇情的ジャーナリズム

1. Gary Knonk, Comets: From superstition to science, November 2013 *Astronomy*, Kalmbach Media Co.

汚れた雪玉

1. Matthew Knight, The science of comets, November 2013 *Astronomy*, Kalmbach Media Co.

何処から来たか

1. Matthew Knight, The science of comets, November 2013 *Astronomy*, Kalmbach Media Co.

分類

1. Matthew Knight, The science of comets, November 2013 *Astronomy*, Kalmbach Media Co.

彗星であるときと彗星でないとき

1. Matthew Knight, The science of comets, November 2013 *Astronomy*, Kalmbach Media Co.

生と死の進行係

1. Matthew Knight, The science of comets, November 2013 *Astronomy*, Kalmbach Media Co.

過去50年間の彗星

1. Karri Ferron, 20 bright comets of the past 50 years, November 2013 *Astronomy*, Kalmbach Media Co.

索引

数字

アルファベット

あ

か

さ

た

な

は

ま

や

ら

わ

人名（アイウエオ順）

奥山　京（おくやま　たかし）

三重県出身
元山形大学教授　理学博士（数学）
専門分野：無限可換群論
著書『自叙伝　数学者への道１』（東京図書出版）
『自叙伝　数学者への道２』（東京図書出版）
『天文学シリーズ１　地球の影 ― ケプラーの墓碑銘より ―』（東京図書出版）
『天文学シリーズ２　ブラックホールの実体』（東京図書出版）
『飛行機旅行』（東京図書出版）

天文学シリーズ　3
太陽系探究

2024年３月９日　初版第１刷発行

著　者　奥山　京
発行者　中田典昭
発行所　東京図書出版
発行発売　株式会社 リフレ出版
〒112-0001　東京都文京区白山 5-4-1-2F
電話（03）6772-7906　FAX 0120-41-8080
印　刷　株式会社 ブレイン

ISBN978-4-86641-719-6 C0044
Printed in Japan 2024